JN133172

戦艦大和と一万二百個の握り飯

青山智樹
Tomoki Aoyama

柏書房

あるケースも多い。

可能な限り複数の資料を突き合わせて正確性を求めたが、筆者の不勉強による誤謬（ごびゅう）、あるいは推測に頼らなければならない場合の誤解からは逃れられない。

本書に事実と違う点があったとしたら、すべて筆者の責任において判断した上での記述と理解されたい。

目次

第5章　大和の初陣ミッドウェー、烹炊所の戦い――89

第6章　上陸の甘い空気――ひとときの休息――101

第7章　トラック島の「大和ホテル」と「武蔵屋旅館」――109

写真提供
原勝洋（カバー上、Ｐ43、Ｐ119、Ｐ161、Ｐ205、Ｐ229、Ｐ232）
朝日新聞社（Ｐ26、Ｐ59、Ｐ83下、Ｐ230）
産経新聞社（Ｐ20）
Ｗｅｂサイト「風鈴」（Ｐ23）

序章

最強戦艦誕生

戦艦「大和」。正確には「戦艦たる軍艦、大和」は昭和十五年（一九四〇）八月八日午前八時に進水した。末広がりの八の字が続く縁起をかついだ日時である。呉軍港第四ドックで「一号艦」との仮称で建造され、はじめは骸骨のようなフレームだけだったものに鉄板が溶接され、水密（水を漏らさず、水圧にも耐える状態）が確認されると、ドックに海水が導かれ、「船」としてはじめて海に浮かぶ。

進水式は新しい〝フネ〟がはじめて水に触れる瞬間であり、重要なセレモニーである。軍艦であれば満艦飾に飾り立てられ、軍楽隊が勇壮な音楽を演奏し、天皇陛下臨席のもと執り行われる。近くの他の船は軍艦だろうと、民間船だろうと汽笛を鳴らして祝福する。

だが、大和の場合、そうした華やかさとは無縁であった。

仮設の神社が建てられ、神官が祝詞をあげたが、セレモニーめいたものはそれだけだった。命名もあらかじめ用意されていた名称を呉鎮守府長官、日比野正治が「大和」と読み上げただけだ。

参列者は陛下の代理の久邇宮朝融王ら海軍関係者百人、大和の建造にかかわった千人ほどの技師たちだけだった。

進水式の様子は外からも見えなかった。大和が秘密戦艦として建造されたため、ドックの周囲には目隠しが立てられていたからである。

進水したての船はきわめてシンプルである。大和の場合、かろうじて第三砲塔と、機関、つまりエンジンは搭載されていたが、他はなにもない。装甲板もなければ、近代的な艦上構造物もない。煙突すらなかったかもしれない。ただ、金属の船体があるだけで、公園の手漕(てこ)ぎボートか、金ダライのように、水に浮かぶだけである。大和はまだ機関があった分、ドックでの作業が進んでいたが、同型艦「武蔵(むさし)」の場合は砲どころか、機関さえなかった。

これから「艤装(ぎそう)」と呼ばれる、この金ダライにさまざまな機構を組み込む作業がなされ、戦艦の体をなしていくのである。

「大和」は世界最大の戦艦として計画された。最大、となったのは四十六センチ（十八インチ相当）口径の砲を搭載するためである。大口径砲は搭載するのにも運用するのにも多くの困難があるが、困難を乗り越えてもなお、ありあまるメリットをもつ。

最大の目的は射程距離の延長である。砲弾の発射初速が同じであれば重い弾のほうが遠くまで飛ぶ。空気抵抗の影響が少ないからである。

武器が出現して、改良を重ねるには相応の時間がかかる。理論で語られ、実験が繰り返されても、実戦で使ってみなければわからない部分が大きいためだ。

第二次大戦型の戦艦が戦訓としたのは、一九一六年（大正五）五月三十一日から六月一日までイギリスとドイツの間でかわされたジュットランド沖海戦である。参加艦艇ドイツ九十九隻、イギリス百五十一隻という第一次世界大戦最大の海戦となった。

参加した艦の種類も多岐にわたり、自分が持つのと同等の砲弾を受けても耐える「戦艦」、装甲は弱くとも砲撃力を戦艦並みに強化した「巡洋戦艦」「巡洋艦」や、日本でいう「駆逐艦」に相当する「デストロイヤー」「フリゲート」「コルベット」などが混在していた。

海戦そのものは痛み分けに終わったが、得られた戦訓は多岐にわたった。

巡洋戦艦はあまり役に立たないこと。防御が弱いため、砲弾を一発受けただけで沈没してしまう。

砲の射程距離は長いほうが有利であること。射程距離が長くとも命中しなければ意味がない。遠くの目標を狙って、外れてはただ無駄弾を打つだけになる。だが、ジュットランド沖海戦のような大艦隊による撃ち合いでは遠距離砲撃戦でも相当の命中が見られた。

また、長距離砲撃戦では砲弾が真上から降ってくるため、水平防御と呼んで甲板の装甲を厚くする必要性が認められた。それまでは横からの攻撃を想定して垂直防御、つまり舷側を重視していたのである。

戦艦というと全体が装甲されているような印象を受けるが、近代的戦艦の場合、集中装甲と呼んで重要部分にのみ分厚い装甲を施す。具体的には砲、舵取り装置、司令塔である。喫水線下には装甲はない。海水に阻まれて、砲弾が命中する恐れがないためである。その代わり水密区画という細かい区画を作って魚雷などの攻撃を受けても浸水を防ぐ構造になっていた。

海戦に参加していなかった日本であったが、これらの戦訓から、巡洋戦艦であった金剛(こんごう)型四隻の装甲を増加、戦艦に改造した。金剛型はさらに機関を交換して速力三十ノットの「高速戦艦」という新しいカテゴリーを確立する。

すべての戦艦で射程距離延長のため、三十度程度であった主砲の仰角(ぎょうかく)を、四十五度から五十度にまで増大させた。

大和に先立つこと二十年の大正九年(一九二〇)、あらゆる新機軸を盛り込んだ戦艦長門(ながと)が完成した。主砲口径四十一センチ、排水量三万三千トン、全長二百十二メートル。完成時、世界最大最強の戦艦であった。

一方、各国の軍事費はかさみ、長門完成の翌年、大正十年(一九二一)のワシントン海軍軍縮会議によって各国の戦艦新造は禁じられる。日本では長門型二番艦陸奥(むつ)が最後となった。この時期の戦艦を「条約型戦艦」と呼ぶ。

具体的には、日本の長門、陸奥、イギリスのネルソン、ロドネー、アメリカのコロラド、メリーランド、ウェストバージニアの七隻をさす。これらは条約が失効するまで「ビッグセブン」として七つの海に君臨する。

昭和十一年(一九三六)末、ワシントン海軍軍縮条約が失効すると、世界各国で新戦艦の建造が再開される。すでに日本を仮想敵と想定していた英米では、まず「金剛型より速く、長門型より強い」艦の完成をめざす。

いわゆる「ポスト条約型戦艦」の登場である。

イギリスでは、キング・ジョージ五世級戦艦。排水量三万八千トン。速力二十七・五ノット。三十五・六センチ（十四インチ）砲、四連装二基、連装一基、のべ十門。長門には対抗できないが、金剛と対等以上の砲撃力と、逃がさない速力を持つ。

アメリカでは、ノースカロライナ級戦艦と、これの装甲を強化したワシントン級。基準排水量三万五千トン、主砲口径四十・六センチ（十六インチ）、速力二十八ノットの戦艦が建造される。長門と堂々と撃ち合える性能である。

だが、日本がポスト条約型戦艦として作り上げた「大和」は主砲四十六センチ、基準排水量六万四千トン、速力二十七ノットの大戦艦だったのである。

同時期のどんな最新鋭艦を相手にしても、敵の砲撃が来ない距離から一方的に打撃を与え、もし敵弾を受けたとしても軽々と弾き返す。

一九四一年（昭和十六）初頭、イギリスとドイツの戦いでドイツのポスト条約型戦艦ビスマルク（四万六千トン、三十八センチ砲）が、旧式となったイギリスの巡洋戦艦フッド（四万一千トン、三十八センチ砲）と交戦、ビスマルクはわずか五斉射でフッドを撃沈する。フッドのおよそ千四百名の乗員中、救助されたのは三名に過ぎなかった。その後、ビスマルクはやはり戦艦プリンス・オブ・ウェールズの追撃を受けるが、これも撃退して、空母艦載機、巡洋艦、駆逐艦の波状攻撃にも耐える。最終的にビスマルクは沈没するが、引導を渡したのはポスト条約型艦キング・ジョージ五世と、ビッグセブンの一つ、ロドネーだった。

ただ一隻の新型戦艦を撃沈するためにイギリスは本国艦隊のほぼすべての戦力を振り向けな

ければならなかった。

一隻の強力な戦艦があれば、多数の劣性能戦艦をすべて排除できる。当時の常識であり、そう考えられ、造り上げられた戦艦が「大和」なのである。

第1章
大和の「台所」はこうして作られた

§二千三百×朝昼晩＝六千九百食の大厨房

大和は曳き船によって、広島県、呉軍港沖の浮き栈橋に横付けにされた。

大和の全長は二百六十三メートル、国会議事堂の長さ二百六メートルを超える。

艦底から頂上部の防空指揮所までは五十メートル。露天甲板から艦橋頂上部主砲方位盤指揮所までは三十八・四メートル。国会議事堂の中央ドームが高さ六十五メートルである。

これほど巨大な構造が海上を二十七ノット、時速五十キロで疾駆するのである。

通常の艦は軍港の艤装栈橋に横付けして作業するが、大和は巨大すぎてはみ出してしまう。そのため浮き栈橋が利用された。別に珍しい方法ではない。こういった洋上の整備拠点をポンツーンと呼ぶ。

浮き栈橋は全長百五十メートルの特殊工作船を二隻繋いで作られた。工作船にはクレーンをはじめ、動力機関、作業員用の食堂、浴場などが設けられていた。ポンツーンには港を行き交う小型船で乗り込む。軍港ではこうした小型船の運航がひっきりなしである。

まだ、大和には砲も艦橋もない。水に浮いているが、自力航行すらできないのだ。これから一年以上かけて砲、装甲板、通信施設、航行施設、さまざまな機構を取り付けていかなければならない。

作業は最初、出入りのメーカー、海軍工廠(こうしょう)の技術者ら専門職によって行われるが、最終的には海軍の水兵がみずからの手で機構を動かし、艦内で生活し、戦場に向かう。配備後、海の上で故障しても技術者の手を借りるわけにはいかないのだ。

そこで、海軍軍人から艤装員が選ばれて作業を進め、次第に技術者と交代しながら扱い方を習得し、艦を完成させる。

言葉にすれば容易であるが、実作業は複雑である。最下層には機関、つまりエンジンがある。ボイラーで重油を燃やした熱で、水を水蒸気に気化させて、これをタービンに当てて回転力にする。石炭火力発電所や、原子力発電所と同じ機構である。これを四基、横に並べて総出力十五万馬力。回転軸にわずかなズレがあれば、機関はたちまち破損する。

機関の周囲は防水区画と呼ばれる「部屋」で覆われる。ある部屋は重油タンクとして使われ、別の区画は艦内で使用する真水タンクになる。真水はスチームタービンで使うだけでなく、乗員の生活のためにも使われる。使用済みのタンクが空になったからとてほうっておくわけにもいかない。船は前後左右にバランスを取る必要がある。重心を移動させるために海水を汲み入れ、あるいは排出するためのポンプが必要だ。戦闘中、被弾浸水しても水平を保たないと重量一・五トンの砲弾が転がり出す。

昭和16年（1941）9月20日、呉軍港にて艤装中の大和。右下に見える甲板上に建てられた作業小屋からも、その巨大さがうかがい知れる

進水時、大和では主砲としては最後部に位置する第三砲塔が装備されていた。装甲は未装備だったがコロを敷き詰めた旋回台、旋回盤、砲あわせて七百四十一トンの重量を受けて沈み込んでいた。艦首部では喫水（きっすい）が五メートルだったのに、艦尾では八メートルと、三メートルほど深い。前部に位置する第一、第二砲塔が未搭載だったのと、前後のバランスを取るバラストタンクがまだ装備されていなかったため、調整できなかったのである。

　艤装で搭載するのはバラストや砲ばかりではない。

　大和には機関科、砲術科、航海科、航空科、医療科など全部で二十三の科があり、これらの科に必要なものを艤装で付け加えるのである。

戦艦は将兵の住居でもある。そのため、風呂や、寝床、食餌（しょくじ）の準備が欠かせない。ちなみに海軍では食事のことを「食餌」と表した。本書でも以下その表記にしたがう。

人間の生活には衣食住が必要である。このうち、「衣」「食」を担当するのが主計科である。主計科は他の科が担当する以外のすべてを受け持つ。

陸軍では各兵員が持ち回りで作っていたが、海軍では「烹炊（ほうすい）」と呼ばれる食餌作り専門の兵がいたのである。

大和が進水しておよそ一ヶ月後、九月五日。艤装員長、宮里秀徳（みやざとしゅうとく）大佐が着任した時、艤装員はまだ四名だけだった。翌昭和十六年（一九四一）四月、主計科員鈴木清（すずききよし）（階級、役職不明）が着任した時、続々と艤装員が乗艦する時期であり、主計科では身分証明書を発行するのに大忙し（いそが）となった。二千三百人分の書類仕事である。

主計科が受け持つ作業は、組織上では「経理」と「衣糧」があった。

経理はいうまでもなく乗員の給与、艦が買い込む物品の金銭管理などを担当する事務職である。

実作業として最も人手を必要としたのが「烹炊」と呼ばれる食餌作りであった。

大和の竣工（しゅんこう）時乗員数は二千三百名。これだけの人数の食餌を朝昼晩、作らなければならない。

§〝風呂釜〟で炊くトン単位の米

海軍といえども役所の一つである。乗員の給与が決まっているのと同様、供給する食餌の量、内容も定められていた。特に海軍は明治初期、ビタミンB1不足による脚気(かっけ)から大被害を受けており、食餌を基本として健康管理には細心の注意を払っていた。

一日のカロリー量は三千三百カロリー、麦一に対して白米三を混ぜた麦飯一日六合、一食で二合。野菜類三百グラム、タンパク質と呼ばれる肉ないしは魚が百グラム相当である。

一回の食餌で約五千合、トン単位で米を炊く必要がある。海軍が使用する炊飯釜(がま)はいくつも種類、サイズがあるが、大和では「六斗釜」といわれる最大の釜を少なくとも六基保有していた。冗談でなく風呂のようにでかい。これ以上大きくなると、熱の回りが悪いのか、重さで飯粒が潰(つぶ)れるのか、上手く炊けない。

こんな巨大なものを何基も据え付けるのである。

戦艦で使用された六斗釜では、釜一つで炊ける米の量は三百五十人分とも、四百五十人分とも、五百五十人分ともされている。六斗釜と呼んでいるが、厳密に六斗の容量があったのか、もっと大きかったのか小さかったのかはなんともいえない。いずれにせよ、一合の米が水を吸って三百五十グラムになるとすると、一つの釜で最大約四百キロの米を炊く。

烹炊員はこの釜に水を張り、米を投じ、炊飯して、それらを各分隊から受け取りに来る「食餌缶」に取り分けなければならない。

平成17年(2005)の映画『男たちの大和』撮影で使用された服部工業製の「六斗炊き飯釜」(大和ミュージアム所蔵。現在は展示なし)。同社では軍に調理器具を納品していたが、この釜が実際に大和に積まれたものと同型かどうかは不明

時期によって差があるが、主計科員は六十名とも百名いたともいわれる。一方、海軍の規定で烹炊員は乗員二十五名から四十名につき一名配置するとあるので、大和の乗員数からすると妥当である。

蓋(ふた)は羽釜のように大きく、重い。人力だけでは持ち上がらないので、滑車に錘(おもり)をつけたロープで引き上げてアシストする。

釜も水平な状態では米を取り分けるのもままならないので、ウォームギアで八十度程度まで傾けられるようになっている。

熱源は機関室から送られる水蒸気である。蒸気が釜の底面全体に回るため熱効率に優れており、冬場でも十五分程度で一杯の水を沸騰(ふっとう)させることができた。蒸気を熱源とするため蒸気釜と呼ばれる場合もあるが、現代の圧力釜とはまったくの別ものである。

最大となる六斗釜の他に病人食用の二斗釜も

ある。二千三百もの人間がいたら、病気にかかる者もあれば、怪我をする者もいる。特に海軍は荒っぽい職場である。傷病者向けに主に伝統的なお粥を作っていた。

釜の説明が長くなったが、釜をはじめとして多数の調理用什器を運び込み、設置するのが主計科の艤装作業である。

兵員用烹炊所は右舷上甲板にあり、総面積二百平方メートル。六十坪である。

艦首側から「調菜所」「炊事所」「洗い場」となっており、明かり取りと、通風のための天窓と舷窓があったとされる。

「調菜所」は肉や野菜を切り分ける場所で、まな板の置かれた板場である。まな板といっても畳ほどある分厚い一枚板に角材の脚を取り付けたような代物で、この上で豚を捌いたという。

巨大なのはまな板ばかりではない。米も人間が手で研げる量ではない。大和では電動自動洗米機を搭載した。横須賀に置かれたのと同じものだとすると、電動の「林田式連続自動洗米機」で、これは四千名分の米を一時間十五分で研ぐ能力があった。これが二基。

合成調理機と呼ばれるフードプロセッサー、これはアタッチメントを使用した電動機器で、片側から食材を入れると反対から皮がむかれたものや、千切りが出てくる。当然、肉を挽肉にすることもできる。二基。

万能調理器と呼ばれる電気調理器もある。今日でいう電気オーブンであるが、細かく棚で仕切ることで魚焼き器として使用した。天板が開くようになっており内釜を入れて、蒸気釜では不可能な高温調理、つまり天麩羅やフライに利用した。十五キロワットのものが三基、二十五

〈右〉食缶。入れ子式になっており、内側に小さめの缶が収められていた
〈左〉一般兵員用の食器。右手前から時計回りに、中食器(麦飯用)、大食器(味噌汁用)、中皿(副食用。二人で一つを使用)、湯飲み

キロワットのものが二基。家庭用電子レンジがせいぜい一キロワット、業務用でも三キロワットであることを考えると、その三十倍である。毎時四百リットルの茶が淹(い)れられる茶湯製造機二基。

艦尾寄りが洗い場である。洗い場はコンクリート打ちっ放しで、調理器具を海水で洗い、必要に応じて真水ですすいだ。食器用洗剤もなく、亀の子たわしで洗い落としていた。

そして配食棚。二千三百人分の食餌を烹炊員が配っていてはとてもではないが手が回らない。そこで「食缶」あるいは「配食缶」という容器に移してそれぞれの分隊から取りに寄こさせる。配食缶は石油缶を横にしたような形でアルミ製である。麦飯を入れるため「麦缶(ばっかん)」とも呼ばれた。入れ子式で大型の缶の中に、小さめの缶が収められるようになっている。大が麦飯用で、小が味噌汁、副食用である。

上は艦内で食餌をとる水兵たち(撮影年・艦名不詳)。下は昭和18年(1943)12月の食餌の様子。学徒出身の主計学校学生と思われる

食缶には分隊の番号と、班の番号が書き込まれていて、主計科ではできあがった食餌を缶に移し、配食棚という区画分けされた棚に置いておく。食缶は烹炊所の内側から入れて、通路側から取り出せるようになっている。それぞれの分隊では時間が来ると当番を派遣して食餌を受け取り、自分の居住区で各人の食器にとりわけ、食餌を取る。食缶は出先で洗われて帰ってくる。大和の場合、配食棚にスチームが通っていて食品を保温できるようになっていた。これが三基。

また、これとは別に衛生を保つため、食缶の加熱乾燥機を行う大型食器消毒器が三基設置されていた。

これらの装備を一気に搭載するわけにはいかない。まずは蒸気釜を一台積み込み、動きを調整し、スチームの配管を確認し、良しとなったら次の一台を搭載する。動作確認といっても専門家が行うわけではない。艤装員付の烹炊員が行い、調整する。飯炊きは基本的に新兵の仕事である。半年前まで中学校に通っていたような半素人（はんしろうと）が触っても、使えるようにしなければならない。

艦内で一定の食餌が供給できるようになると、新しい艤装員、乗員を艦内に招き入れ、次の作業に移る。

§弾薬冷却装置を「冷蔵庫」に流用

艤装に当たってもう一つ忘れてはならない整備箇所が、倉庫とその備蓄品である。

倉庫と呼ぶべきものも三種あった。冷凍品用、冷蔵品用、常温品用である。

冷凍庫、冷蔵庫は昭和初期の軍艦においていささか贅沢（ぜいたく）なように感じられるが、実は本来の目的とは違っている。冷却装置は大和に限らず、巡洋艦、潜水艦にも備えられた「武器」の一つであり、本来の目的は装薬の冷却である。

砲弾、砲弾を撃ち出す推進薬、弾頭などは一定の温度でないと設計上の性能を発揮しない。しかも、いずれも爆薬の一種である。異常加熱で不正発火する恐れがある。そのため、軍艦は必ず冷却装置を持っていた。これを利用して装備に限りのある潜水艦などでも時にはアイスクリームを作ったという。

大和の場合、艦が大きいのと、出力に余裕があったため、大型の冷蔵庫、冷凍庫から、冷房にまで回せたのである。また、火災発生時に有毒ガスが拡散するのを防ぐため、鉄の艦体を直接冷やす壁冷房であったとされる。

艤装の総仕上げが、装備品の積み込みである。

備蓄のきく米は全乗員一年分を米倉に、その他、缶詰庫、味噌蔵、醤油蔵、干物倉庫、小麦粉を置く麦庫、およそ四十ヶ所に分類しておかれた。分類とはいうが、実情は隙間のある場所に突っ込んでいたようである。これらの多数の倉庫から「××を取ってこい」と命じられた新兵は悲惨である。一体どこの倉庫になにが入っているか、覚えなければならないからである。一部には装備品を船倉から運び上げるクレーンや、エレベーターもあったが、烹炊所に入ってしまえば、運ぶのは基本的に人力である。一回の食餌で五百キロ弱の米を担ぎ出し、昼飯は二百キロの肉魚が追加される。海兵団新兵訓練では「米担ぎ」の訓練があった。米二十五キロが収められた麻袋、二袋を持ち上げて運ぶ。艦隊では三袋がノルマであった。七十五キロずつ運んでも一トンの米を運ぶには十三回ほどかかる。米を炊くだけで重労働である。

第2章 大和の食餌、朝・昼・晩

§戦艦の厳しい船上生活

艤装が終わりに近づくと大和は港湾を離れ、外洋を航行するようになった。朝離れて、夕には帰る、あるいは洋上で一晩過ごすようなこともあったが、すぐに戻ってくる。

公試が始まっているのである。正式には海上公試と呼ぶ。船は工業製品であるが、溶接の状態、設計と仕上がりの違い、さまざまな事情から、実際の性能と、予定された性能が必ずしも一致しない。大和の場合、溶接ライン四十五万メートル、鋲総数六百十万本。水圧試験区画は千六百八十二もある。建造に携わる工員の熟練度も均一ではない。設計通りできあがっているのか、確認する必要がある。

そこで、船を走らせて実性能を測定する。

公試には最大速度を測定する全力公試、主砲や副砲を発射する砲熕公試などあるが、他にも細々としたポンプ、バラストタンク、航海機器の調整が必要である。燃費と、機関出力と実測度の関係も調べなければならない。

艦橋で操艦する当直士官が「速力二十ノット」（実際には第一戦速、第二戦速のように指示する）

と命じたとき、機関科ではどれぐらいの燃料を注入すれば二十ノットに達するか把握しなければならない。単艦で行動するならまだしも、艦隊行動で一ノットでも他艦と速度がずれれば最悪衝突しかねない。

公試が始まると、乗員は定格の二千三百人に達し、船の上で生活するようになる。

夏季と冬季、曜日によって細々とした違いはあるが、基本的に午前六時起床。

五時四十五分には「総員起こし、十五分前」、五時五十五分に「総員起こし五分前」の全艦放送がかかり、六時に「総員起こし」となる。

起居するのは持ち場に間近い場所に設けられた「居住区」である。眠っている最中に奇襲を受けてもすぐ対応できるように、この場所が一番効率的であるとされたのである。

一般の艦や、海兵団などの訓練部隊では起床直後「吊床訓練」が行われる。吊床とはいわゆるハンモックで、海軍の兵士は自分の持ち場所の近く、あるいは持ち場に吊床を吊って眠る。ハンモックといっても、海軍のそれはレジャー用の薄っぺらい代物ではなく帆布を素材とした、帝国軍人の肉体を受け止める頑丈な作りである。これを丸めて、固く結んで居住区の所定の場所に収める。吊床は戦闘時には艦橋やマストに結びつけられ、破片よけのショックアブソーバーに使われる。艦が沈んだ場合も浮力を持って救助に利用されるため、固く結びつける必要がある。入団したての新兵ではまとめるだけで三十分ほどかかる。実戦部隊では十五分から十分程度が求められた。海軍ではなにごとも競争であるため、吊床を畳むのが遅いと罰直、つまり体罰を受ける。

もっとも、最新鋭艦である大和の場合は兵員用に三段式の折り畳みベッドが使用され、吊床の使用はごく一部に限られた。

就寝中、衣類は艦内ズボンに冬でもシャツ一枚。夏だと下は越中褌だけだったかもしれない。

余談ではあるが、開戦時、連合艦隊主席参謀黒島亀人大佐（連合艦隊、序列三位）は旗艦当時の長門では艦内を褌一丁でうろついて、従兵は浴衣を着せかけるのに苦労したとか、第四代目大和艦長の森下信衞大佐にも、やはり褌姿で会議に出てこられて部下は目のやり場に困ったとの逸話が伝わっている。

通常は作業衣に着替え、六時十分には各分隊ごと所定の場所に整列し、体操、甲板掃除と続く。

七時に朝食。八時に国旗掲揚。

その後、日課とされる掃除、備品の手入れ、訓練、訓練教育などが続く。

十二時に昼食。

その後、午後の訓練、午後五時の夕食後、温習時間があり、午後九時が就寝時間である。

非常に早い時間帯であるが、現実には「眠る態勢」をととのえているだけである。この時と同じくして「巡検」が行われる。「副長巡検」あるいは「初夜巡検」とも呼ぶ。副長が甲板士官や、古手の下士官を引き連れて全艦を見回り、不都合がないか、艦内の状態がどうかを見回るのである。

巡検が終われば、九時以降も許可を受けた者は所定の場所で勉学、作業ができたし、そっと抜け出して娯楽に興じる場合も多かった。

「教育、訓練」などと文字にするとそれなりの内容であるように感じられるが、現実にはきわめて理不尽な内容であった。

先に挙げた吊床訓練でも、所属する班が他の班より一秒でも遅ければ罰直が待っている。具体的にいえばぶん殴られるのである。鉄拳制裁と称して拳でぶん殴られる場合もあったようだが、班編制は十二名から十三名とされる。旧兵がいちいち手で殴っていたら殴る側がどうにかなってしまうので、「バッター」と呼ばれる、野球のバットで尻を殴る形にした。だがこれも、全力で引っぱたくため木製のバットだとすぐ折れてしまう。そこで樫(かし)の木を削って「海軍精神注入棒」なる木の棒を作って尻を引っぱたく。

「甲板掃除」も兵にとっては苦行である。ブラシを手に持って、中腰で甲板をこするのである。この場合、姿勢を崩すと即バッターである。尻に正確にヒットすれば「痛い」で済むだろうが、戦記、証言集などには、打ちどころが悪くて半身不随になった、あるいは係留用のロープで殴られロープが前方に回り男性機能を消失した、などの例が散見する。大和ではデッキブラシを使用していた、あるいは手で磨いていたとの両方の説がある。

ちなみに烹炊所(ほうすいじょ)でのバッターは「安芸の宮島(あきのみやじま)」とも呼ばれ、飯の取り分け用に使う全長一メートルほどの「しゃもじ」であった。しゃもじの平たい部分ではなく、横の部分で打つのである。なお、安芸の宮島とは、瀬戸内海の宮島をさす。宮島の名物は世界遺産でもある嚴島(いつくしま)神社と、しゃもじである。

私事であるが、亡くなった筆者の父は太平洋戦争中、海軍の飛行予科練習生であった。

ある時「未来少年コナン」というアニメを観ていると、主人公たち二人の少年が敵役に捕らえられるシーンがあった。二人は船に忍び込んで食料を勝手に食べていたため罰として「尻叩き二十」をいいつけられるが、最初の少年は一発殴られただけで失神してしまう。敵役、というか小悪党は「吊せ」と命じる。

海洋もので「吊す」との語句は「マストから吊す」つまり、絞首刑を意味する。そこで、主人公の少年が「友人の分も自分が殴られるから」と代わりに四十殴られて、二人とも助かる。とのエピソードがあった。

これを見ていて父に「四十殴られるのは、そんなにきついのか」と無邪気にたずねたところ、答えは「あれならどうってことはないな」と涼しげなものだった。もっとも、この時、主人公は分厚い木の板で殴られていた。バッターは細いほど痛いのだという。

大和では比較的罰直は緩かったとされるが、吉田満（よしだみつる）（大和、副電測士）の『戦艦大和ノ最期』でも尻を殴られて倒れた兵を、若い士官がまだ殴りつけるシーンがある。

後に空母飛龍（ひりゅう）で航空整備員となった瀧本邦慶（たきもとくによし）氏は新兵として機雷敷設艦八重山（やえやま）に配置されたが、

「樫の木で作られた軍人精神注入棒で、思い切り尻を打たれるのである。人間の体がよくも、ここまで耐えられるものかと思うほど打つのである。気の弱い者は気絶することがある。体の弱い者など一発で倒れる。引き起こして又なぐる」

という激しさであったと述べている。

連合艦隊軍楽隊に所属して大和、武蔵に乗り込んでいた種村二良氏に取材した際に大和での体罰についてたずねたところ、「事の大小はわからないけれど、軍隊ならどこでもあるでしょう」とのお答えだったので、大和でも殴る蹴るの罰直は普通に見られたようである。

一般的に艦のサイズが大きくなるにしたがって罰直は厳しくなる傾向にあった。

「鬼の山城、地獄の金剛、音に聞こえた蛇の長門、日向行こうか、伊勢行こか、いっそ海兵で首くくろうか」

戦艦とは、そんな戯れ歌ができるほど厳しい場所だったのである。

§だしがらも捨てずに再利用

兵科によって一日の流れは違ってくる。朝起きて、夜眠るというのは普通の生活であるが、砲科では事故防止のため深夜でも必ず当直が付いていた。航行中、機関科や、航海科も持ち場を離れるわけにはいかない。

烹炊員も二十四時間勤務に近いところがある。

烹炊員の一日は、朝食作りから始まる。そう面倒なものではなく、麦飯に、味噌汁、漬け物程度の簡単な内容であったが、今と違って米と水を炊飯器に入れてスイッチを押せば済むわけではない。米が炊きあがるのにも、味噌汁を作るのにも、それなりの時間がかかる。

朝食担当は「明け番」と呼んで、新兵の担当だった。午前三時頃、そっと起こされた二、三名が烹炊所で釜(かま)に真水を張り、米を炊く。現代では炊飯器に水と米を投じてそのまま米を炊くが海軍では一旦、規定量の湯を沸(わ)かして、沸騰(ふっとう)した湯に米を投じ、もう一度、水加減をしてから炊き始める。

昭和初期の呉海兵団主計科の調査では炊飯手順は次のようになっている。

《準備作業》
蒸気釜で湯を沸騰するまで沸かす。八分。
《第一作業》
米麦を入れ再び沸騰させる。五分。
沸騰後一分で蒸気を止める。
《第二作業》
一分間放置。
二分間内釜で炊く。
二十二分後、蒸気を止める。
《第三作業》
停止させたまま十五分置く。

かなり細かい上、夏と冬では水温の違いから沸騰までの時間が変わるはずであるが、一時間弱で炊きあがる計算になる。

巷間「米を炊く時は手を入れて、米の上に水が手首のところに来るぐらい」とされており、海軍でも実施されていた。とはいえ、熱湯の中に手を突っ込んではたまらないので、木製の簡単な計量器ではかっていた。T字型をしており、棒の先に板をつけて、目盛りを刻んだだけのものである。烹炊員が自分で作ったのか、工作科に依頼して作ったのかは不明である。

麦米そのものは前夜のうちに研いで笊にあげられて積み上げられている。米を美味く炊くためには浸水が欠かせないが、前夜のうちに研いでおくことにより、浸水も終わっている。

とはいえ、トン単位で水を含んだ米をいくつもの炊飯釜に移すのは楽な作業ではない。

米が炊ける間、漬け物を切り、味噌汁を作り始める。

高橋孟氏（戦艦霧島でハワイ作戦、ミッドウェー作戦に参加。主計兵）の著書によると、味噌汁はやはり前の晩から水に炒子を投じて一晩おいて、だしを引いていたという。

佐世保海兵団主計科の報告では、味噌汁を作る時、最初に炒子を入れて十五分間茹でた後、味噌、具を入れるようになっている。

一方、明治期の主計教科書に、だしを取った後の昆布と、削り節の再利用法が記述されているところから、昆布だし、鰹だしも利用されていたと考えられる。

もっとも、筆者が実験したところ、鰹だしも、昆布だしも水出しで引くことができた。ベストの方法だとはいわないが、料亭料理ではないのだ。簡易で、十分に美味いものができる。なお、主計教科書によると、だしを取った後の昆布も、削り節も、天日干しして一定量がたまったら醬油で煮染めて箸休めにする、とされている。確かに箸休めにもなるし、茶漬けや、握り飯の具にも好適である。

味噌汁は一旦沸騰させたら、加熱を止めて味噌を溶き入れる。味噌は別容器に移してダマにならないよう出し汁で延ばしておいて、釜に張っただしに溶いていく。具はさまざまなものが使用されたが、前の晩に担当の班が切っておいてくれるのでこれを入れるだけで構わない。味噌汁は、味噌を入れたら沸騰させないのが大前提であるが、海軍の場合、具もある程度芯が残っているほうが栄養的にも、味覚的にも優れているとされた。

午前六時の起床時間になると、他の兵も起き出して手伝ってきてくれるので朝食の七時には配食の準備が整う。

各科ごとに、ある程度役得や、マイナス面があった。主計科の場合「♪主計、看護が兵隊ならば、蝶々トンボも鳥のうち」と戯れ歌ではやされるほど兵隊のランクとしては下に見られたが、食餌そのものは数食分であるが余裕を見て作るため、これらは主計兵の腹に消えた。

もっとも、食べる量はある程度自由になったとしても、すぐに次の食餌の準備にかからなければならない。時間に追われ、味噌汁に飯をぶち込んで丸呑みにするような忙しさだったという。

§炊飯・調理・材料調達――休む間のない勤務体制

朝食が終わるとすぐに昼飯の準備である。朝食を作った班は昼飯では別の作業にあたる。海軍、あるいは船の運用では「当直」あるいは「直」と呼んで、あらゆる作業が交代制である。

交代が最も頻繁なのは、舵輪を握る航海科の操舵手だろう。駆逐艦などでは舵輪は見晴らしの良い艦橋に置かれているが、戦艦では艦橋の二段ほど下にある司令塔という場所にある。厚さ四十センチの鉄板に覆われた場所で、外を見るためには幅二センチの銃眼から外を見るしかない。操舵手は艦橋から来る「宜候（直進）」「取舵（左）」「面舵（右）」の音声の指示によって舵輪を回す。単純に直進、といっても海の上は波もあれば、風も吹く。艦の揺れと羅針盤だけを頼りに指示された航路を維持しなければならない。非常に疲れる持ち場であり、しかも絶対に離れるわけにはいかない。実に二十四直、一時間交代だったという。

海が穏やかであればのんびりとしていられたのだろうが、荒れるほど操舵手の重要性は増す。小型艦で、時化に遭うとさすがの帝国軍人も船酔いする。かといって持ち場を離れられない。あまりにひどいときは靴下を用意して、その中に吐きながら舵を取ったという。

その点、烹炊員はもう少し穏やかで四直、つまり四交代で、原則として深夜の当直はない。一直は「炊飯」つまり飯炊き、味噌汁作りの調理である。次の当直時間になると、ここから外される。同じ直が二回続くことがないように配慮されている。

二直は「調菜」と呼ぶ食材の準備である。材料を切り分け、笊や桶に用意しておく。

三直は掃除、食器準備である。炊飯や、調菜は時間ぎりぎりまで作業しなければならないので、自分たちで食器を用意している余裕などない。使用済みの食器を洗うのも担当していただろう。

四直は倉庫整理である。食材を使用したら、新しいものが補給されてくる。古いもの、つまりすぐに使わなければならない食材を手前に引っ張り出し、新しいものを奥に移動する。言うは易く行うは難しの典型である。

海軍では豚なら一頭、牛は半身を仕入れている。一方、二千人が一食で百グラムの肉を消費したとなると、その総量は二百キロになる。これを入れ替える。

また、その日のうちに消費する食材も烹炊所の「小出し庫」に移動する。


こうした「直」とは別に烹炊所には烹炊所なりの日課がある。

最初の日課は生鮮品の受け込みである。野菜や魚、豆腐などは「生鮮品」に分類され、毎朝、一日の使用分が軍港の軍需部に用意される。軍需部で物品を送ってくれるわけではないので、艦が取りに行かなければならない。駆逐艦では一人乗りの手漕ぎボートで受け込みにいっていたが、二千三百人も乗る大和では航海科の受け持ちである「搭載艇」が必要となる。これを借りて主計員が受け取らなければならない。

昭和16年(1941)10月26日、高知県宿毛沖にて全力公試中の大和

航海科に任せてしまえばいいようなものだが、艦内では海軍用語で「ギンバイ」と呼ぶ横領(コソ泥?)が発生する。受け込みはギンバイの恰好(かっこう)の標的である。主計科が自分で運んで、倉庫に収めるまで気が休まらない。

狙われるのは砂糖や、豆腐などすぐ食えるものが多かったが、生米や、生肉まで消えたという。

高森直史(たかもりなおふみ)氏(元海上自衛隊、給養員。呉市と協力し、海軍カレーで街おこしを成功させ、肉じゃが海軍発祥説の提唱者でもある)の著書によると、海上自衛隊でも肉や米をくすねることがあって、どうやら下手人(げしゅにん)は機関科であったようだ。ボイラーの火と石炭をくべるスコップで肉を焼き、ヤカンで米を炊いたそうである。

一日の総仕上げが「掃除」である。潮風にさらされる船はもともと錆(さ)びやすい。めったやたらに掃除している印象があるが、実際、汚れによるダメージはきわめて大きい。特に烹炊所では黴(かび)や腐敗、食中毒の発生を警戒した。烹炊所の入口には昇汞水(しょうこうすい)の消毒液が置かれ、烹炊員は手を消毒しなければ入室がゆるされなかった。昇汞（塩化第二水銀）は強力な消毒薬であるが、毒性が強いため現代では使われなくなった薬品である。

前出、高橋孟氏の著作によれば、「烹炊所はぴかぴかに磨きあげられ、なめても問題がないほどだった」という。

だが、もし、伝染病や食中毒が発生したらどうなるか。

その船は隔離される。所定の無人島が指名され、船はそこから動けない。食糧品や水は軍需部が島の特定の場所において引き上げてくる。船は搭載艇を派遣して物品を拾い上げる。陸上の人間と、乗員は完全に隔離される。この島流し状態は伝染病が終熄するまで続けられる。現代の日本で食中毒というと、ノロウイルス、カンピロバクター、ボツリヌス、サルモネラなどが重視されるが、昭和初期ではコレラや赤痢も警戒する必要があった。いずれも、死者を発するほどの病害であり、食品を媒介して伝染する。主計科が食中毒を恐れるわけである。

昭和十六年（一九四一）十二月八日、真珠湾攻撃の日、大和は公試の総仕上げとなる「全力公試」を終え、呉に入港。大和は警戒行動に出る戦艦長門、陸奥とすれ違い、公試で見いだされた不具合、改善点を修正するため呉第四ドックに入渠する。

いよいよ対英米戦が始まった。大和は本格的な戦いに備えなければならない。

第3章 海軍・陸軍、料理はどちらが旨かった？

§海軍カレーVS陸軍カレー

多少、戦争ものに親しんだ方なら「海軍の飯は旨い」という話を聞いたことがあると思う。ある逸話では陸軍の士官がなんらかの理由で海軍に出かけていき、そこで食餌をして帰ってきて「おい、海軍の飯は旨いぞ」と叫んだと伝えられる。

日中戦争の発端となった盧溝橋事件。日本軍と、中国軍が一触即発の事態に陥った。陸軍は攻撃に備えて泥だらけになって塹壕を掘り、灯火管制下の真っ暗な中、洋上で待機する海軍の軍艦に双眼鏡を向けて唖然とした。

「こんな時に海軍の連中は明かりをつけて、アイスクリーム食ってやがる」

軍艦の夜間射撃は少数の船が陸上を探照灯で照らし、他の艦が闇の中に浮かび上がった標的を狙い撃つ方法が一般的である。したがって一隻は必ず探照灯で陸上を狙っている。

陸の双眼鏡から、なにを食べているかまで見えるかどうか、はなはだ疑問であるが、海軍が贅沢をしていたとされるエピソードとして紹介されている。

海軍の飯が旨かったのは事実であるようだが、決して贅沢をしていたわけではない。陸軍もまた役所であり、兵員にどれぐらいの食餌を与えるか規定されていた。比較すると、海軍とまったくといってよいほど差がない。

麦米六合、肉ないし魚、百グラム相当。

また、調理器具も大差ない。陸軍で使用される最大の炊飯釜でも、海軍と同じメーカーから仕入れて、地上で炊飯のためにボイラーを炊いてスチームを供給している。素材に関してもむしろ陸軍のほうが新鮮である。

ここで少し気にかけていただきたいのが、摂取カロリーである。データや、時期により摂取カロリー量の基準に変化がみられるが、二千七百から三千七百の間で推移している。昭和初期では三千百とされていた。

現代、成人男子で必要摂取カロリーは二千から二千四百とされている。これは必要量であり事実上、二千七百摂っているとする統計もある。いずれにせよ、海軍の三千百カロリーはきわめて多い。

カロリーでいわれてもわかりづらいが、一回の食餌にして米二合である。

一合は本来体積の単位で、百八十ミリリットルである。この体積の米は約百六十グラム。通常、同体積プラス〇・二ほどの水加減をするので、炊きあがった米は約三百五十グラムになる。通常の茶碗で二杯強ぐらいだろう。

米二合だとこの倍で七百グラムとなる。海軍で飯椀に使われる「中食器」はちょっとした丼ほどの大きさでこれにマンガのような山盛りである。
現在、一般的な外食店でライス一食分は約百八十グラムである。スーパーの店頭で市販のパックされた炊飯済みの白米も調べてみたところ、百八十グラムから二百二十グラムが主流であった。半合か半合弱である。個人差はあるだろうが、朝昼晩三食を米で過ごしたとしても、現代日本人は一合半程度の米しか食べない。

一方、陸海軍の七百グラムは現代人の四倍ほどの量になる。

現代の感覚だととんでもなく大量であるが、明治から昭和初期にかけて、日本人の一食は「米と味噌汁、漬け物」程度が普通である。海軍の基準が多いとしても基本的には肉体労働であるので、必要カロリーを取るためには大量の米を食べる必要があった。

福沢諭吉の言葉で「立って半畳、寝て一畳、天下取っても二合半」。また、宮沢賢治の「雨ニモマケズ」では「一日玄米四合ト味噌ト少シノ野菜ヲタベ」とある。量に差はあるが、小食である福沢諭吉ですら二合半を食べている。現代に比べるとかなり大量である。

もちろん、食生活の変化により、現代では肉や食用油によるカロリーが上がっている点が見逃せない。

なお、自衛隊では一日の基準が三千三百カロリーであるが、幹部、曹、士で食餌に差はない。また、幹部も自腹を切ることなく官給の食餌である。自衛隊の場合、海軍のように内部規定があるわけではなく、船員法の規定にしたがっているためである。

いずれにせよ、三千百カロリーという数字は決して過剰な数字ではない。

海軍教科書と陸軍教科書のカレーを比較してみよう。

「カレー汁」（陸軍「軍隊調理法」〈昭和十二年〉より）

《材料》

牛肉（または豚肉、兎肉、羊肉、鳥肉、貝類）……七十グラム。
人参……二十グラム
玉葱……八十グラム
馬鈴薯……百グラム
小麦粉……十グラム
カレー粉……一グラム
ラード……五グラム
食塩……少量

《準備》

イ、牛肉は細切りとなし置く。
ロ、馬鈴薯は二センチ角位に、人参は木口切りとなし、玉葱は縦四つ割りに切り置く。
ハ、ラードを煮立て小麦粉を投じて攪拌し、カレー粉を入れて油粉捏（筆者注・カレールー）

を造り置く。

《調理法》

鍋に牛肉と少量のラードと玉葱を入れて空炒りし、約三百五十ミリリットルの水を加え、まず人参を入れて煮立て、馬鈴薯、玉葱の順序に入れ、食塩にて調味し、最後に油粉捏を煮汁で溶き延ばして流し込み、攪拌す。

《備考》

イ、温かき御飯を皿に盛りてその上より掛くればライスカレーとなる。

ロ、本調理はパンの副食に適す。

「カレイライス」（「海軍二等主計兵調理術教科書」）

《材料》

鶏肉……百グラム

馬鈴薯……百グラム

人参……五十グラム

玉ネギ……五十グラム

麦粉……二十グラム

ヘット（筆者注・牛脂）……十グラム
カレー粉……一、二グラム
スープ……適宜
塩、胡椒……少量
米麦飯

《準備》
鶏肉は小口切り。馬鈴薯、人参、玉ネギ（いずれも賽の目切り）。

《調理法》
蒸鍋にヘットを溶かし、カレー粉および麦粉を加えて焦げ付かぬようによく煎る。スープを徐々に加え、薄いトロロぐらいに延ばし鶏肉、馬鈴薯、人参、玉ネギを入れて塩、胡椒で味を整え十分煮込み、飯を皿に盛りこれにかけて供卓する。

麦粉とあるのは小麦粉のことである。当時、日本の小麦粉の精製技術はあまり高くなく、わずかに灰色を帯びていたという。それに対して精製度の高い真っ白な粉を「メリケン粉」と呼んだ。こちらは輸入品で高級品であった。「メリケン」すなわち「アメリカン」である。

余談になるが、日本人ではじめてカレーを「見た」のは後に東京帝大の総長に就く山川健次郎だろう。山川は明治四年（一八七一）、国費留学生としてアメリカに渡る。往路の船便で出る食餌は洋食ばかりでどうにも喉を通らない。仕方なしに米の飯を使っているという理由だけで「カレーライス」を注文する。これが最初らしい。もっとも、山川は「あの上に付けるごてごてした物は食う気にならない」として、持参したアンズの砂糖漬けで米だけを食べた。それはそれでよく食えたと感心するが。

また明治三年（一八七一）から明治六年（一八七四）には、岩倉具視、木戸孝允、伊藤博文、大久保利通らが不平等条約の改定や視察のためにヨーロッパへ渡っている。途中、セイロン島で「米に漿汁を注ぎ手で混ぜて食う、西洋のライスカレイに似た」料理に出会っている。残念ながら味の記述はなく、食べたかどうか不明である。

また、この記述から岩倉使節団がヨーロッパでカレーを見ていたことがわかる。こちらも残念ながら味のほどはわからない。

陸海軍ともカレーは国産の日賀志屋（現ヱスビー食品）製「S&B」ブランドのカレー粉を使用していた。カレー粉はもともとイギリスのメーカーがインド産の香料を調合して本国に提供していたが、明治後期から大正にかけて国産化された。どこが日本初かというのはメーカーの主張がぶつかり合うが、生産量から比較して陸海軍が使用していたのは「S&B」だと思われる。

なお、インド風のカレーは本来、必要に応じてスパイスを調合して具にあわせる。したがって、いまの日本のカレーとも、陸軍カレー、海軍カレーともまったく違った味になる。インド人に日本風のカレーを食べさせると「カレーに似た料理であるが、カレーとは違う。でも旨い」と答えるとも「カレーだ。インドより、良い香辛料を使っている」と答えるともされている。

海軍と陸軍、小麦粉を炒めて作ったカレールーを先に作って具材を煮込むか、材料に火を通してからルーを延ばしていくかの違いはあるが、材料にほとんど差はない。あえて差を指摘するのであれば、陸軍は調理に鍋二つが必要であるのに対して、海軍は無理矢理鍋一つに抑え込もうとしている部分がある。鍋一つに抑えるのは他の海軍料理でも同様に見られる傾向である。共通点としては、現代のカレーと比べるとどちらもきわめて具が多いのが目立つ。

また、どちらがより手が込んでいるかといえば、スープストックを利用している海軍だろう。航行中の海軍は常時、弱火でスープストックを取れるという調理上の強みがあった。蒸気は無限にやってくる。火を絞れば焦げ付く心配もない。海軍ではだし用の骨やクズ肉には困らなかった。とはいえ、数の限られた兵員用の蒸気釜丸々一つをスープストック用に充(あ)てるわけにもいかず、可能だったとしても士官用に限られたはずだ。

もっとも、筆者の父に聞いたところ「たしかに予科練でカレーを食った覚えがある。味は覚えていない。とにかく腹が減って食えればなんでもよかった」という。実情は複雑なようである。

§なぜ海軍の飯は旨かったのか？

海軍の飯が旨い、といわれるようになったのにはいくつかの理由が考えられる。

第一が専門の烹炊員の存在であり、第二が食餌の目新しさである。

海軍が専門の烹炊員を養成していたのに対して、陸軍では食餌を作るのは兵員の持ち回りである。

陸軍では徴兵、あるいは志願して入隊した者は地元の部隊に配属される。大阪に本籍があれば大阪の部隊へ。東北なら東北の部隊へ配属され、部隊で新兵訓練を受ける。軍隊生活で最初に要求されるのは、団体生活である。布団の上げ下ろしに始まって、掃除洗濯が絶対に必要である。陸軍の場合、ここに調理が加わる。

陸軍では前線に出たら自分たちで食餌をどうにか調達しなければならないという理由からだが、現実的には、昨日帝国軍人になったような二十歳の若者が、入隊したその日から「さあ、飯を炊け」と命じられるわけである。

しかも「男子、厨房に入らず」の時代、飯を炊くどころか、包丁を握ったこともない兵がほとんどである。もちろん、指導役の下士官が付くが、まともな食餌が作れるほうが奇跡である。

持ち回りの給食システムでは一度、炊事を担当しても次に担当するまでどうしても時間があいてしまう。

海軍の場合、烹炊作業は一班が十三名程度で、四直、つまり四交代であるから烹炊員五十二名が、二千三百人分の食餌を作り一日に一回、必ず調理作業にかかる。

一方、陸軍式に烹炊作業を二千三百人分に割り振ったら、二千三百÷五十二で、約四十四。一度食餌を作ったら、次の機会が回ってくるのに一ヶ月半近い間があく。

陸軍では陸軍省の直下に「糧秣本廠（りょうまつほんしょう）」を置いて食料の研究には熱心であった。海軍より早く「軍隊調理法」という教科書を配布し何度も改訂している。優れた内容であるがまともに読む兵の数はそう多くはない。熱心に勉強しようとする兵がいても、料理法より、射撃術を学ぶ。

また、海軍と陸軍の兵員調達法の違いによっても差が生じる。

陸軍の徴兵期限は二年とされている。志願してもう二年続けるという兵もあるが、基本的には二年で予備役に回される。

戦争が始まる、あるいは事態が緊迫すると予備役を召集して、兵員を増強する。

人間国宝にもなった噺家、五代目柳家小（やなぎやこ）さんは陸軍に徴兵されて昭和十一年（一九三六）、一兵卒として二・二六事件に反乱軍として駆り出される。満州へ移動後、一旦除隊して帰国。太平洋戦争を迎えた。太平洋戦争では再召集されて仏印（フランス領インドシナ）に配備され、終戦を迎える。一度、除隊して四年ほどで軍に戻っている。陸軍は必要に応じて、兵を呼び戻している。つまり、召集している。

一方海軍では新兵は一旦、海兵団（正確には海兵団練習部）という訓練部隊に入団する。こちらも原則地元であるが、海軍は陸軍ほど多くの拠点を持っているわけではない。基本的には四つある鎮守府、つまり地方司令部の海兵団に入団する。神奈川県横須賀、広島県呉、京都府舞鶴、長崎県佐世保である。太平洋戦争にはいると海兵団の分団を作り海兵団の数は増えるが管轄区域は変わらず四個所であった。

陸軍は身体を動かすのが仕事であるが、海軍では機械を扱うのが仕事である。どうしても専門性が高くなり、部隊配属前に一定の訓練が必須である。

陸軍で兵が間違って火事を出しても、すぐに消し止めればどうということはない。だが、海軍で火災が発生して、火が砲塔に入ったりしたら、砲が吹き飛び、船が沈む。すべてが兵のミスだとは断定できないが、海軍では日本内外問わず砲の爆発事故が多発している。アメリカでも戦艦アイオワ（先代）、キアサージ、日本では日向や榛名が事故を起こしている。昭和十八年（一九四三）、戦艦陸奥が柱島泊地で砲の爆発事故により沈没して、千百二十一名が犠牲となった。原因は火災であるとも、兵の自殺行為であるともいわれているが、はっきりしていない。

海軍でも団体行動が海軍生活の中心となるのは変わりないが、新兵は必ず初等訓練のため海兵団で半年過ごす（昭和十五年から四ヶ月に短縮された）。前半は吊床訓練、つまり布団の上げ下ろしから始まって、ロープの結束方法、短艇訓練と呼ばれるカッター漕ぎが必須で、陸軍と同様、行軍も行う。二ヶ月経って専門訓練が始まる。入隊時に水兵、機関兵、通信兵、主計兵に割り振られており、それらの訓練が始まるのである。

主計兵でも同じで、カッター漕ぎ、行軍訓練が行われる。いきなり経理に行くことはなく、新兵はすべて烹炊員に割り当てられ、呉の場合、海兵団の烹炊所に隣接した教育用烹炊所で烹炊訓練を受ける。

海兵団卒業後、艦隊なり、陸上部隊なりへ配属されるが、海軍では原則、転科を認めていないので、主計兵は退役するまで主計兵である（例外的にすべての科から、航空科と主計科への転科を認めていた。これは航空と、経理要員が徹底して不足していたためである）。

まったくの素人（しろうと）と、わずか二ヶ月とはいえ、訓練を受けた専門職が作る食餌のどちらが旨いか、比較するまでもない。

§兵員調達の違いが生んだ食餌の質の違い

前項でも若干触れたが、陸軍と、海軍の兵員調達方法の違いも影響してくる。

陸軍では徴兵で兵員を確保していたが、海軍では志願兵を中心として兵を募集して、不足分を徴兵で補っていた。

兵役期間も違う。陸軍では二年だが、海軍では志願兵の場合、兵役期限五年、徴兵では三年、とどちらも陸軍より長い。したがって、徴兵の場合でもベテランが多いことを意味する。また、志願兵の場合、五年終了後、再志願して下士官に進級して職業軍人たることを期待される。

あえていうのであれば「陸軍は量を、海軍は質を」重視した兵員集めを行っていたのである。

徴兵か、志願兵か、の違いは士気ばかりでなく、年齢にも反映されてくる。

昭和日本の徴兵は、二十歳になると男子全員が自動的に徴兵検査の対象となった。これはあくまで「検査」であって合否を問う内容ではない。具体的には身体検査で、甲乙丙丁戊（こうおつへいていぼ）の五つにランク分けされ、役所の壮丁名簿に登録される。

甲種は身長百五十五センチ以上とし、身体頑健なもの。現役として即時入営の可能性がある。

乙種は身体が普通に健康である者。百四十四・五センチ以上。補充兵役に組み込まれ、甲種合格の人員が不足した場合に徴兵される他、志願により現役として入営した。

丙種は体格、健康状態ともに劣る者。国民兵役に編入される。

丁種は目・口が不自由な者、精神に障害を持つ者で、兵役は免除された。

戊種は病気療養者や、病み上がりの者。翌年の再検査に回された。

身体が健康というのは、脂肪過多、扁平足（へんぺいそく）、腫瘍（しゅよう）などの異常がないこと。扁平足は行軍に耐えられないとされた。また、視力検査も行われ、裸眼視力〇・六以上、矯正（きょうせい）視力〇・八以上。色覚正常であることが求められた。

また、特に性病などの伝染性疾病罹患（りかん）者は採用されなかった。

検査修了者名簿の中から、まずは陸軍が適切と思われる者を必要に応じて徴兵した。甲種に分類されても、軍の側で兵員がすでに足りていれば徴兵されなかった。逆に適切であると判断

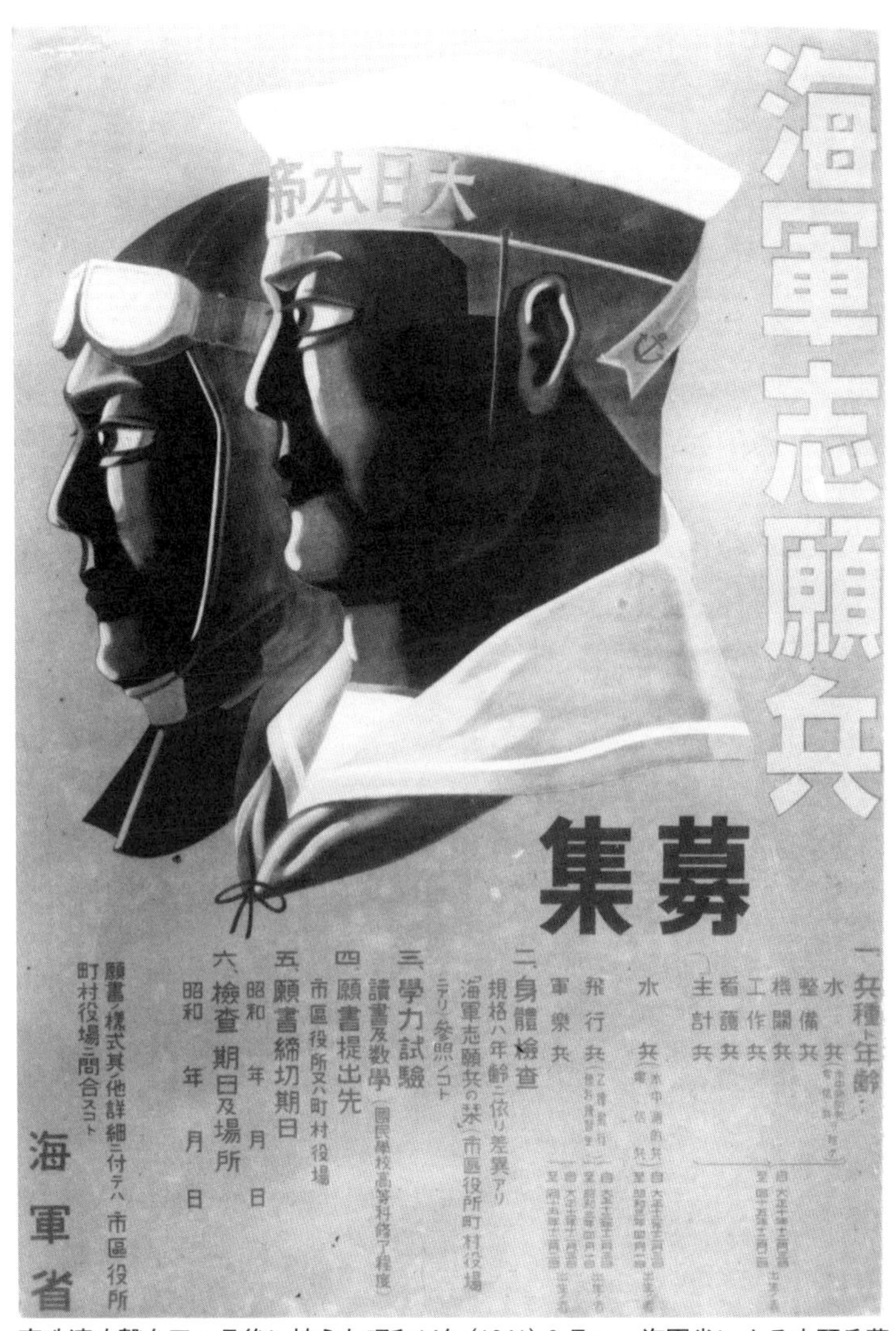

真珠湾攻撃を三ヶ月後に控えた昭和16年(1941) 9 月の、海軍省による志願兵募集ポスター。身体検査のほか、学力試験が課されることも明記されている

されれば丙種でも徴兵された。平時は春に検査があり、翌年の一月に徴兵、陸軍部隊に入営した。

　海軍は陸軍が取らなかった者を徴集兵として採用していたわけであるが、こちらは小学校卒業程度のペーパーテストがあったため、字が読めない兵は合格できなかった。

　徴兵検査年齢は二十歳であり、検査を機に入隊する者が多かったが、主に貧困による家庭の事情などから志願する者もあった。食い詰めた農家などから「三度の飯が食える」という理由だけで志願する場合も珍しくないのである。

　したがって「どうせ、いつかは従軍しなければならないのだから」あるいは「飯が食いたい」などの理由で志願する場合は、兵役年限が長くとも海軍を選ぶ場合もあった。従軍最低年齢は当時、十六歳。理由はどうあれ、さっさと軍隊へ入ってしまいたいと考える者は十六歳で海軍に入団する。兵役期間も長いため勢いベテランぞろいとなる。

　もちろん、逆に「いつかはどうせ軍隊に取られるのだから行き急ぐ必要もない」と構えている者もいた。これらは現役二年で済む陸軍にそのまま従軍した。

　あるいは、徴兵を忌避(きひ)する者もあった。兵役免除者として官吏、陸海軍生徒、官立専門学校(帝国大学と、現国立大学)以上の生徒、洋行修行中の者、医術・馬術を学ぶ者、そして家長と家督を継ぐ者が対象外とされていたため、合法的にはこれらを利用する方法があった。

　徴兵逃れのため、権力者とのコネはいつの時代でも有効な手段だった。名簿は本籍地の役所が管理して、担当者が随意に徴兵者を決めていたため、市役所などとの縁があれば忌避できた。

市役所でも市内の有力者の子弟は意図的に徴兵から外していた。

コネクションがない場合でも、明治中期までは蝦夷地出身者は徴兵対象外とされたので本籍を北海道に移動する者が多かった。昭和に入っても終戦直前の昭和二十年（一九四五）まで台湾（日本の内地に対して「本島」と呼んだ）と朝鮮（同じく「半島」）出身者は徴兵の対象外とされたので、本籍地を動かす方法があったが、こちらは寡聞にして聞いたことがない。

家督を継ぐ者は避けられたため、他家に養子に入る方法もあった。徴兵逃れのための業者が存在して高額の費用で養子縁組を紹介した。この方法は法改正によって禁止された。

合法的徴兵逃れがむずかしくなると、醬油一升を一気飲みする、タバコを一日に三～四箱吸う、みずから指を切り落とす、などの健康面を偽装する方法が生まれてくるが、太平洋戦争後期になると甲種だけでは兵員が足りなくなり、乙種、丙種までもが徴兵され、「学徒動員」で知られるように大学生も従軍が義務化される。もっとも、社会・文系の学生は主計・計理に、理科系は技術士官に回されたようである。

戦前、日本全体が戦意に包まれていたようなイメージを持つ人は多いかもしれないが、軍としては「従軍は義務であり、名誉である」という宣伝をすると同時に「忌避するのは恥である」との考えを広めたため国民はやむを得ず従っていただけで、本音は「軍に行きたい者もいれば、忌避する者もある」という、今と変わらぬごく普通のメンタリティであった。

いずれにせよ、陸軍では二十歳程度で入隊して、平時であれば二年で予備役に異動する。もし、二ヶ月に一回食餌を作るとしたら、十二回しか担当が回ってこない。料理の腕が上達する暇がない。

海軍では志願兵では最低十六歳から五年勤務。徴兵でも二十歳から三年勤務で烹炊員は飯炊きだけを続けている。

陸軍と海軍で募集制度の違いによって、はからずも食餌の質にも差が出てきたのである。

もっとも、『軍隊調理法』を復刻した小林完太郎氏（学徒出陣によって中部第四十八部隊、糧秣事務）は同書のまえがきで「炊事場に示された献立は、調理にはベテランの炊事兵たちによってよどみなく実施されていった。彼らの多くは、地方（民間の社会）にいるときは調理を本職とする兵隊たちであった」と、専門の兵がいた旨を述べている。また、やはり徴兵された帝国ホテル料理長、村上信夫氏の著書『帝国ホテル　厨房物語　私の履歴書』には「隊長付きの料理人になれば楽ができると聞いたが砲科を希望した」「総攻撃の前の晩に乞われてカレーを作った」などの記述がある。

海軍ほど徹底したものではなかったようであるが、陸軍でもある程度の調理の専門家を選抜していた傾向がある。

食餌の目新しさも、海軍がいわば「西洋かぶれ」していた結果といえよう。

日本が開国して以来、富国強兵を是として陸海軍とも西欧の習慣、技術を取り入れようと躍起になる。海軍が必死になって導入しようとしたのが、いわゆる洋食であった。陸海軍の教科書を見れば差は歴然としていて、陸軍では洋食はコロッケ、カツレツ程度だが、海軍ではハンバーグ、ローストビーフ、ロールキャベツまで並ぶ。

洋食化を急いだ理由の一つに、日本の国民病といわれた脚気対策がある。現在では「脚気」は珍しい病気に分類されるが、日本では江戸時代から、〝なぜか江戸で罹る〟「江戸患い」として知られていた。地方から江戸へ出て来ると発症し、国元へ帰ると治る。

脚気は明治になっても原因不明のまま大流行していた。

特に海軍では酷い目に遭っている。明治十五年（一八八二）、遠洋航海に出た装甲コルベット龍驤では乗員二百八十人のうち、のべ百八十人が発症し、死亡者二十五人。人手が足りなくなり、乗り組みの将校から、艦長伊東祐亨大佐（後の初代連合艦隊司令長官）まで釜焚きに従事したというから、悲惨さ、状況の悪さがわかる。

龍驤はいわゆる機帆船で、風の状態が良ければ帆を張って進み、場合によっては石炭ボイラーを焚いて蒸気機関を動かす。スクリュー推進ではあるが、ペリーの黒船のような構造である。帆は燃料の節約になるが、広大な帆を張り、適切な方向に向けるためには膨大な労力を必要とする。石炭を焚く人手が足りなかったぐらいである。帆を張るための人員など確保できなかった。

一方、西洋では脚気の発生がほとんど見られない。西洋人が主食とするパン、麦になんらかの効能があると判断してそれまで主食としていた白米に麦を混ぜるようにするとともに、副食の西洋化も進めた。

明治十八年（一八八五）、一時的に食餌を完全西洋化して米飯ではなく、すべてパンにするという荒っぽい真似までやっている。おかげで脚気の発生は押さえ込まれたが、兵には不評で海防艦海門では起床時間にも兵がふて寝して作業にかからない、一種のストライキにまで発展した。こちらは兵の信奉篤い下士官が直下の兵に問いただしたところ「米の飯が食いたい」との答えにより、飯を炊いて配給すると反乱にも発展せず収まった。

一日三食パン食という食餌は明治三十一年（一八九八）にパン食と、麦飯に変更されるまで続いた。よく我慢したものだと感心するが、パンやハードビスケットとは別に米を嗜好品の名目で食べさせていた。

現在では脚気はビタミンB1の欠乏症であり、白米ばかりの生活を続けると発症することがわかっている。江戸患いも精米技術が発達した江戸だから発生したわけで、地方で雑穀を混ぜ込んだ食餌をとると治るわけである。

明治四十三年（一九一〇）、鈴木梅太郎によってビタミンB1が発見されたが、海軍ではすでに脚気と縁を切っていた。たまたま麦飯がヒットしたのである。

一方、陸軍では日露戦争の折り、やはり大量の脚気患者を発生させた。海軍側から麦飯が効果があるとの進言があったものの、陸軍軍医部長の森林太郎（鷗外）が「脚気細菌説」を唱えたため強く推すことができず、その上、現地指揮官が「皇軍の兵士に粗末なものは食べさせられん」と麦飯を拒否した結果、脚気患者の増大は続いた。もちろん、陸軍も麦飯に変更すると脚気渦は収まった。

洋食偏向文化と共に海軍では外交上、海外の武官、外交官を招いてパーティを開く必要があった。パーティのため海軍の烹炊術教科書、烹炊術参考書などに「正餐（せいさん）」と「アットホーム」（立食パーティ）の方法から、席次の決め方、カクテルの作り方まで記述されている。

西洋人を招いての交歓会であるので、食餌も焼き魚に味噌汁というわけにはいかない。スープから始まってデザートに終わる正餐である。また、こうしたパーティの場合、烹炊員は食餌を作るだけでなく、皿を運んだり、ワインを注いだりしなければならない。烹炊員は洋食の作り方や、サーブ方法の訓練も受けているのである。

献立は主計長の裁可により、副長、軍医長の点検を受けて立てられるが、事実上、ベテランの兵曹が立案している。軽々しくベテランと記したが、この道十年十五年、和食、洋食を問わず作り続けてきたような料理人である。海軍の献立が西洋化してバリエーションが増えてくる。

本来の目的を達成したものの、海軍の西洋志向は残り、昭和に入っても艦隊でも週に一度はパン食が供給された。

§海軍が発明した（？）「厚切りトースト」

カレー海軍発祥説、肉じゃが海軍発祥説が有名だが、ここでは現代日本で多く食べられる「厚切りトースト」が、軍隊発祥である可能性を指摘したい。

日本の喫茶店や、レストランでトーストをオーダーすると、大抵厚切りの食パンが出てくる。

では、四角い食パンが世界的に定番かというと、実は少数派である。

確かに、パン、あるいは小麦粉を焼いた食品は世界中に存在する。インドのナン、南アメリカのフラワートルティーヤ、アラブのピタ。これらのうち、酵母で発酵させて焼いたものが一般的にパンと呼ばれる。

ところが、世界的にはフランスパンのように、ただ細長くまとめたバゲット、あるいは丸めただけのものが主力である。フランス、イタリア、ドイツ、ロシアなどすべてバゲットタイプである。個人的な経験で、唯一、イギリスパンのトーストが出てきたのはアメリカであるが、こちらももともと、イギリスの強い影響下にある。しかも、いわゆる八枚切りの薄くカットされたタイプであった。

新聞社の外報部勤務で世界中を飛び回った友人にたずねてみても、「バゲットを食べやすく切ったトーストは食べたが、厚切りトーストは覚えがない」との答えだった。

国別に考えると、イギリスパンを焼くのはイギリス本国と、影響を強く受けたアメリカ、シンガポール、香港、ニューギニア、オーストラリア、南アフリカ程度のはずである。

イギリスパンは焼くのが面倒である。四角い金属容器に、生地となる練った小麦粉を入れてオーブンで焼く。型の上を開放しておくと帽子のように丸まった形になり、蓋（ふた）を被せてやると日本で一般的な四角い食パンになる。

バゲットタイプは天板の上に成形した種を並べるだけであるが、イギリスパンはこれとは別に型が必要である。その代わり、オーブンの中にたくさんの種を詰め込むことができる。

また、日本人は柔らかいパンが好きだ。フランス人などは皮の固い部分を好むし、ドイツ人もどっしりと実の詰まったパンを食べる。正確にはパンとはいえないかもしれないが、食事とともに齧るイタリアの細長いグリッシーニはせんべいのような食感である。日本でもバゲットタイプのロールパンは増えてきたが、アレンジされていて、きわめて柔らかい。イギリスパンは流れるほど生地を柔らかくするので、焼き上がりもふっくらしている。

安土桃山時代、ポルトガル人によってもたらされたのが、日本にパンが伝わった最初とされるが、江戸時代には廃れ、明治に入って外国人用に焼かれたのが現代に繋がっている。特に「食パン」はイギリスから伝わった「ローフ・ブレッド」がベースであると考えられる。外国人向けのパンの一種にイギリスパンがあったろうし、陸海軍の西欧化によって発注されたのが、日本人好みするイギリスパンとなるのも納得できる。

食パンを提供する場合、切る必要があるが、現代のように機械で切るわけではなく、人間が手で切らなければならない。ある程度厚くなるのも想像できる。海軍の資料だとパンを提供する場合「一斤」とされている。本来の意味であれば一ポンド、四百五十グラムであるが、製パン業界では三百五十グラム以上とされ、海軍兵学校の朝食の写真には四枚切り厚切りのイギリスパンが写っている。

太平洋戦争に入っても、海軍兵学校では毎朝食がパン食であった。パン食に拘泥するあまり、食パンに味噌汁がつき、パンにはなぜか白砂糖を振って食べていた。前出の元自衛隊給養員の高森直史氏は「砂糖でもつけなければ食べられないまずいパンだったのではないか」と述べている。

国産の小麦は粘り気の少ない今日の「薄力粉」であり、パンを焼く「強力粉」ではない。昭和初期は、あまり旨くないパンであったのは否定できない。一方、陸軍でもパン食は一定の頻度で提供されたが、こちらではパンとともに食べる「嘗め物」が研究されている。海軍では手間のかかるジャムの代わりに砂糖を使用したのではないかと推測する。

こうした食パンは艦内で士官用に焼かれることもあったが、兵に供給される場合は軍需部が業者から仕入れたものであり、軍需部が軍属を雇い入れて艦隊に提供する方式に変わっていく。

§凶作も〝敵〟だった戦争末期の日本

海軍が特別贅沢をしていたわけではない、という話題の直後であるが、一般庶民の貧しさについて触れなければならない。

日本海軍、と一口で呼んでもその存在時期は長い。昭和二十年（一九四五）の敗戦を最後と考えても、明治五年（一八七二）の創設であるから、七十三年間存在していた計算である。したがって、創成期と後期ではかなりの差がある。

一例を挙げると、日本海海戦で知られた東郷平八郎は江戸時代の弘化四年（一八四七）生まれ。薩摩（鹿児島）藩士として薩英戦争、戊辰戦争に参加後、明治政府の士官となる。歿年は昭和九年（一九三四）。明治維新に青年期を過ごしている。

対英米戦開戦時の連合艦隊司令長官、山本五十六は明治十七年（一八八四）生まれ。明治期に少年期、青年期を過ごしている。明治三十七年（一九〇四）、海軍兵学校三十二期卒業で、初陣は日本海海戦であった。昭和十八年（一九四三）歿。戦死時五十九歳。

一方、太平洋戦争は昭和十六年（一九四一）発生。この時、尉官クラスの若手は大正期生まれ。新兵も大正末期から、下手をすると昭和に入ってからの者ばかりである。

指揮官と、若手士官、兵とでは、海軍の置かれていた情況や、生活環境、目に映っていた世相も、かなりの差があると考えるべきである。

江戸時代末期、徳川幕府は経済的に立ち行かなくなり、ペリー来航による開国をきっかけに大きく基礎が傾き、戊辰戦争を経て、薩摩、長州（山口）に倒される。

明治政府が樹立されると、日本経済は右肩上がりを続け、日清戦争、日露戦争で領土を一気に拡大させる。日露戦争後、国庫は苦しくなり、第一次大戦でも一旦不況に陥ったものの、大正デモクラシーの時代を経てさらに発展を見せる。庶民の生活も明治初期と後期、大正、昭和と好転してくる。

しかし、それはあくまで平均の話で、地方農民の生活は楽ではなかった。

日本人の主食は米であった。米は他の作物に比べ、同じ面積での収穫量が格段に高い。

しかし、栽培に手がかかる。水田に水を引き、苗床から田植えする。天候の変化で収穫量が変わる。毎年、一定の収穫があればいいが、干魃、冷害で飢饉が起きる。

農村では米を栽培しているが、一定量を租税として納入しなければならない。明治に入ると手許の米も現金収入を得るために売却して、自分たちの口に入るのはごく一部である。量が足りなく、「かて飯」と呼んで米に雑穀を混ぜ込んで増量する。蕎麦（そば）などは収穫量こそ少ないものの、荒れ地に種を蒔（ま）いておけば大した世話をせずとも収穫できる。最近ではあまり見なくなったが高粱（コーリャン）、本来は中国産の穀物であるが、日本では道ばたに生える草の実である。NHKドラマ『おしん』で名前を知られた大根飯も「かて飯」の一種である。

肉や魚など食べられない。魚は保存の問題があって山間部に入ると干物などしか手に入らない。肉も同様である。飼育している鶏や豚を食用としてしょっちゅう落とすわけにはいかない。明治初期、都市部での牛肉食の流行こそあれ、農村では牛は貴重な労働力である。殺して食べるなどもってのほかである。

このような食物に不足した農家では、娘を売る、子供を間引く等の悲劇が発生する。

一方、都市部では江戸の昔から先述した「江戸患い」すなわち脚気があったように豊富な白米を食べていた。地方と都市部では貧富の格差が非常に大きかったのである。底辺から見上げると陸海軍で「三食、飯が食える」というのは夢のような生活であったろう。

他方、太平洋戦争というと「食糧難」の語が思い浮かぶ。それぐらい食べるものにこと欠いていた。食糧難を「戦争のせいだ」と批難するのはたやすいし、事実、その一面もある。

しかしそれ以前にまったく別の理由から「食糧難」があったのである。

農村の苦境を再度述べるまでもなく、日本の内地では慢性的に米不足が続いていた。そこで、大正期、大日本帝国では本島（台湾）や、半島（朝鮮）で米の大増産を開始する。太平洋戦争前の一九三〇年代、台湾、朝鮮からの移入米は内地消費量の二十パーセントに上るほどだった。しかし、国内生産は上がらない。日本国内で農地はすでに開墾（かいこん）しつくされている。農耕面積は拡大できない。また、米はもともと熱帯地方の植物である。現在では品種改良により北海道などの亜寒帯や、ロシア南部でも収穫できるが昭和初期では品種改良も進んでいない。

しかも、朝鮮、台湾も物価が上がり米を移入してもそれほどの経済効果はない。

昭和十三年（一九三八）に「国家総動員法」が制定され経済統制が始まる。対英米戦を予期しての準備でもあるし、中国戦線での軍事支出が日本経済に耐え難い影を落としはじめていた。さらに、翌昭和十四年（一九三九）に「白米禁止令」が発布される。それまで精米店で販売されていた白米が禁止され、七分搗（しちぶづ）き以下に制限された。この年、朝鮮では冷害に見舞われ、内地に移入するほどの米が生産できなかったためである。

昭和十五年（一九四〇）になるとインドやタイなどからいわゆる「外米」を輸入するようになる。東南アジア産の米は「インディカ米」という品種で、日本国産の「ジャポニカ米」より細長く、特徴的なにおいがある。現代ではタイ産の「香り米」は英語で「ジャスミン・ライス」と呼ばれ、エスニック料理店などで提供されているが、当時の日本では臭（くさ）いと嫌われた。だがどんなに嫌っても、政府統制により米を販売する際に六割の外米を混入した米の販売が義務化されてしまう。もはや、これを食べるほかない。

昭和十六年（一九四一）末には対英米戦が始まり、統制は一層厳しくなる。海外から一万トンの米を輸入するなら、その輸送船を武器弾薬の輸送に使ったほうが、有利だという発想である。

国内輸送も同様である。昭和十一年（一九三六）、日本の鉄道は蒸気機関車が主流で八千七百輛（りょう）を所有していたが、大戦後は五千輛まで数を減らす。機関車よりも戦車、軍艦が優先されたのである。同様に燃料である石炭も軍需工場を稼働させる火力発電所に回された。となると、地方から鉄道で米を運んでくるなど二の次、三の次になる。

さらに農村の労働力不足が追い打ちをかけた。主要な労働力である若い男性が軍に徴兵されると、農作業にかかれるのは女性などの一部に限られる。

昭和二十年（一九四五）、敗戦の年。夏には戦争が終わったものの、国内の米生産は凶作に見舞われ、戦前ですでに統制の始まっていた昭和十五年（一九四〇）の八十五パーセントにまで落ち込む。

確かに戦争で国内は食糧難に陥った。だが、それは直接の影響ではなく、凶作の上に、国内の輸送力不足が足を引っ張ったからである。

このような情況の中で、三食飯が食えた軍隊が贅沢であったかどうかは、別の判断になるだろう。

前線ではさらに多数の兵士が飢えていたのである。

第4章 食にもあった階級と格差

§階級が上がれば雇えた専用コック

昭和十七年（一九四二）二月十二日、連合艦隊司令部は長門より大和に移動して、大和は連合艦隊の旗艦となった。司令部は長官と参謀、こうした士官の従兵、連合艦隊所属の軍楽隊などが乗り込み、一挙に百人の住民が増えた。従兵や軍楽隊などは兵であったが、司令部そのものは山本五十六大将を中心とする将官、佐官で構成され、食餌（しょくじ）は士官用烹炊（ほうすい）所が担当した。

ここまで士官と、下士官、兵との言葉を漫然と使ってきたが、両者には明確な違いが存在する。

「命令を発する者」が士官であり、「命令を実行する者」が兵である。

兵の場合、徴兵でも志願兵でも、海軍内でキャリアを積み、指定された海軍内の学校に進み、一定の成績を残せば「下士官」と呼ばれる兵曹にまで進級できる。陸軍では軍曹、伍長と呼ばれる階級であり、希望すれば終身雇用となる。海軍では年功序列が原則であるため、若い士官より年を経た兵曹のほうが給与が高いことも珍しくない。

下士官も良好な成績を残せば准士官を経て特務士官にまで進級できるが、ごく少数である。特に少佐にまで進級した者は、海軍発足以来、片手で数えられるほどでしかない。なお、最優秀者を集めた大和では主砲艤装員から、第二砲塔長を務めた奥田弘三少佐が兵からの昇進組で、日本海海戦にも参加した古強者である。「兵の中の元帥」とも呼ばれ、沖縄特攻の際に「この人に万が一のことがあってはならない」と艦長に諭されて艦を降りている。

現代でも旧海軍と似たような昇進制度を取っている組織がある。日本の自衛隊である。受験時に「自衛官候補生」と「一般曹候補生」と別々の試験を受け、合格して最初は「二士」から始める。曹候補生は成績順に曹に昇進していく。

「士」として二年の年限で採用された隊員も二年を超えて勤務し、一定の成績を残せば曹に昇進できる。曹もまた試験を受けて幹部学校を経て幹部自衛官になれる。幹部になるため最も手っ取り早い方法が防衛大学校を卒業することで、四年間の課程を受けたのち幹部候補生学校に入学する。

旧海軍で士官になるには海軍兵学校を受験合格するのが普通である。主計科士官になるためには海軍経理学校、機関科士官になるためには海軍機関学校があり、海軍兵学校とあわせて「海軍三大学校」と呼ばれた。経理学校では一般大学からの横滑りも認めており、実際の採用者を見ると東京帝国大学、東京商科大学（現・一橋大学）がほとんどで、兵学校、機関学校も同様の難関であった。今でいう、キャリア組公務員であると思えば間違いない。

受験資格は満十五歳以上十九歳以下で、学歴は問われないが、妻帯者、禁固刑以上、禁治産者、品行非方正では受験できない。兵学校、機関学校、経理学校の試験は同日に行われ、兵学校と機関学校は併願できたが、経理学校は二重受験を禁じていた。

学力試験の前に身体検査に合格しなければならない。十八歳で受けるとしたら身長百五十五センチ以上、体重四十八キロ以上、胸囲七十七センチ、肺活量三千cc以上。兵学校では裸眼視力一・〇以上。事実上、甲種合格以上である。

機関学校では視力〇・八以上で矯正視力一・〇以上。経理学校では裸眼視力〇・二以上、矯正視力一・〇以上。他に疾病等十六項目の失格点がある。なお兵学校、機関学校では色覚異常を禁じていたが、経理学校では許可されていた。

筆記試験は数学、英語、国語、漢文、作文、歴史、理科物象の七教科、資料によっては十五教科とする場合がある。

旧制中学は五年制であったが、四修（四年修了）、つまり飛び級した場合でも受験できる。一日に一教科か、二教科しか実施されず、試験は十日ほど続き、毎日、不合格者が発表される。一教科が不合格になるとそこで帰らなければならない。

問題内容もきわめて難解である。

「作文。内容、随意。制限時間二時間」

「歴史。神武天皇以来、平安時代までの出来事を記せ。制限時間二時間」

などという状態である。

数学、英語なども現代の大学受験ほど難しくないが、中卒程度の学力ではきわめて困難である。なお、各種学校受験のための予備校もあり、いわゆる〝過去問〟も市販されていた。最後の口頭試問に合格すると「兵学校採用予定者」としての通知を受け、各学校で再度、身体検査を受け合格となる。最後の検査で落とされたりしたら泣くに泣けない。

就学期間は四年で、新入学生時代から厳しく鍛えられる。ここまでで兵の生活は厳しいとの内容を記してきたが、士官もまた、生徒時代に似たような扱いを受けているのである。

兵学校を終えると士官候補生となり、艦隊に配属される。一年半士官候補生として過ごすと「少尉」に任官する。以降、各種学校と現場を行き来しつつ「中尉」「大尉」と昇進する。各種学校というのも、それぞれの学校は普通科だけでなく高等科、専修科などの上級課程を設けている。「大尉」から「少佐」にあがる時、成績や勤務態度が勘案され、海軍大学校受験生に選抜される。そこでまた試験を通過して海軍大学校学生となり、多くは海軍の中枢を占めるようになる。「大学」とはいうものの、旧制大学や現代の大学とは違い、海軍内の独自教育機関である。

もっとも、海軍ではハンモックナンバーのほうが優先され、海軍大学校に進まずとも、将官にまで進級する例も多い。「特攻の生みの親」とも呼ばれる大西瀧治郎（終戦後、自刃）は海軍大学校の受験に品行非方正で失敗したが、中将にまで昇進している。

将官にまで昇進できずとも、特に問題がなければ「大佐」で退役する。

一つの艦に乗る士官の数は非常に少なく、完成当時世界最大であった戦艦長門でも定数が二十七名だったとする資料もある。実際の配置状況を見ると、巡洋艦以上の大型艦で、艦長が大佐、副長と砲術長、水雷長などの科長が中佐、ないしは少佐である。

科にはそれぞれ分隊があり、分隊長の補佐に分隊士が付く。分隊士は通常、尉官か特務士官である。これらとは別に副長直属の甲板士官がおり、こちらも少尉、ないしは中尉である。例外が医療科で、軍医が数名が乗り込んでいる場合、そのほとんどが士官である。

分隊数は艦や科の規模によって異なり、大和では砲科が最大で、主砲第一分隊から第三分隊、副砲分隊、高射分隊などがあった。

多数ある科の中で、主計科は最小クラスの科で、セクションは「経理」と「衣糧」しかない。分隊長は中佐である主計長が兼ねていた。同様に、医療科、航海科、飛行科なども分隊は一つしかない。

もちろん、艦によって状況は違う。大和の飛行科は水上偵察機を運用するだけだったため小さな科であった。偵察機の最大搭載数は七機であったが、次第に縮小し、最終的には二機にまで減らされる。

逆に、五十から八十機を搭載する空母では搭乗員、整備員が搭載機の何倍も必要で、飛行科が最大の科になる。

組織構造が非常にわかりづらいが、海軍は組織も大きく人員も多い。現実に組織自体が複雑であり、かなりの頻度（ひんど）で制度改正が行われているので余計わかりにくくなっている。

また、階級と役職が混在しているように見えるかもしれないが、少尉、中尉、等の階級はいわば「給与ランク」に類するもので、「艦長」や「分隊長」などの役職とはまったく別だと考えるべきである。

実戦部隊に配属されると士官の生活は兵と隔絶される。

大和の場合、士官は「二次士官室」（尉官）、「士官室」（佐官）、「准士官室」（兵曹長）、「特務士官室」（特務士官）に分かれて生活する。軍隊は徹底した階級社会であり、士官だろうとも階級からは逃れられない。

若手士官の場合、教育上の理由から二次士官室でハンモックを吊って眠る。士官の転勤は頻々（ひんぴん）とあり、半年に一度ほど転勤がある。この転勤の多さもキャリア組、現在の国家公務員総合職と同様である。

一方、佐官では個室が与えられる。

食餌に関しては兵のようなあてがい飯ではない。

尉官であれば尉官だけ集まって「二次士官室」で食餌を取る。内容も左舷（さげん）にある「士官用烹炊所」に好きなものを注文できる。士官用烹炊所の烹炊員はベテランが担当し、新人でも市井（しせい）で料理人をしていた者が充（あ）てられるか、「傭人（ようにん）」と呼んで民間人を雇って乗せることもあった。いわゆる「軍属」の一形態である。傭人が烹炊員であった場合、「割烹（かっぽう）」あるいは「料理長」などと呼ばれた。傭人には他にも洗濯屋、床屋などがあった。病院船の看護婦、造船にかかわるメーカーの技術者が乗り込む場合、やはり傭人扱いである。

　洗濯屋、床屋も士官向けの傭人である。

　大和の場合、洗濯室があり士官、下士官から実費を受け取って営業していたようだ。士官用の制服を扱うため本格的な洗濯機から、スチームを利用したアイロンもあった。普段、艦内では士官も作業服姿であったが、パーティや式典が行われる際、あるいは外出時にみっともない服装で出かけられない。

　水兵は「ジョンベラ」と呼ばれるセーラー服で、自分で洗っていたが、士官、下士官の制服は詰め襟（つめえり）である。冬は紺（こん）色だったが、夏物は純白であり、手入れには相応の手がかかった。主計科では「掌衣糧長（しょういりょうちょう）」がおり、衣類の管理もしていたが、士官の制服には専門家の手も必要だったのである。

　床屋のほうは理容室を構えているケースと、状況に応じて商売道具一式をかついだ業者が艦に乗り込んできて、艦長室や、士官室など求められるセクションに出向く場合があったようだ。後者の場合、求められれば兵の要望にも応えたらしいが、大抵が丸刈りであるためバリカン一丁で兵同士刈りあっていた。

　また、司令部付きなどに限られるが「従僕」という士官の身の回りの世話をするだけの傭人もある程度乗っていた。

§士官の食費は「給料天引き」

「海軍の飯が旨い」というのは士官食の場合、料理内容から素材まで違っている点からも際立っている。夕食で、夜の作業がない場合、士官は酒やビールなどアルコールも注文できた。ただし、食費は自分持ちで、給料から天引きされる。

費用自分持ちで好きなものを注文できたというと、非常に贅沢ができたように感じられるが、各種学校で教育を受けたとはいえ、士官がグルメであるわけではない。

家庭の事情から海軍に志願してきた兵がいるように、やはり、進学したいが金がないとの理由から兵学校に進んだ士官も珍しくはない。陸軍のエリートコースである陸軍幼年学校が有償であったのに対して、海軍兵学校は無償であったため、貧困が理由で進学をあきらめ、海軍兵学校を選んだ者もいる。

海軍の主計士官を務めた瀬間喬氏（中佐で敗戦）の著書によると、「経理学校に入り制服を着なければならない。上級生が『俺にシャツを着せてみろ』と新入生にワイシャツを渡したところ、割烹着のように前から袖を通した」という。地方出身者は普段は着物で、シャツなど着たこともなかったのである。

瀬間氏は明治四十四年（一九一一）の生まれ。昭和六年（一九三一）に経理学校二十期を卒業。昭和初期、まだまだ明治の習慣が残っていたようだ。海軍士官にも幼少期を着物で過ごし、「かて飯」で育った者も多いのである。

したがって、「好きなものが注文できる」といっても、伊勢エビが食べたいとか、前菜にフォアグラを出せ、などという知識もなければ、欲もない。大抵は烹炊員が提案する内容を鵜呑(うの)みにする。結果、毎月の支払いを見て「今月は少ないのではないか」とか、逆に高価なものを食べすぎて財布が苦しくなることも珍しくなかったそうである。

士官食は自由ではあったが、ある程度の定型は存在していた。

朝食は飯に、味噌汁、焼き魚に漬け物のような和食。好みによってはトーストに目玉焼き。

昼食はオードブルから始まる簡単なコース料理。

夕食は和食という流れであった。

もちろん、一口に士官と呼んでも五十過ぎの定年間際の佐官と、任官したて、今でいえば大卒程度の若者が同じ量で済むはずがない。二次士官室では追加料理にカレーや、オムライス、おかわりの声が飛び交っていたという。

兵にも洋食は提供されたが、和食だろうが中華だろうが、大食器、中食器、中皿の三種の皿に盛り切り飯であった。明治、大正期では陶器、太平洋戦争前にはホーロー引き、後期にはアルミ製になった。広島県呉市、呉市海事歴史科学館（大和ミュージアム）には、実際に大和から引き上げられた食器が展示されており、こちらはホーロー引きである。また、筆者の手許に父が予科練から持ち帰った中食器と、中皿がある。大戦末期のもので、アルマイト製で底面に尖(とが)ったもので搔(か)いた文字で分隊名と所有者が刻まれている。

士官用の食器(深川製磁製)。一般兵員用のものより小ぶりで、桜模様が美しい

外国艦来日時に催された海軍晩餐会の様子。大正末期または昭和初期のものと思われる。西洋式に食事が供されているのがわかる

士官用は九州有田の深川製磁製か、大倉陶園製の高級食器である。どちらのメーカーも現在も宮内庁御用達である。深川製磁では有田本社付属のミュージアムで当時のモデルを展示している。「深川ブルー」と呼ばれる透明感のある青で、桜が散らされた美しい食器である。

士官には「従兵」と呼ばれる身の回りの世話をする兵が付き、料理の追加注文などのいわば私的な雑用も烹炊所に受けついでいた。

食餌を見ただけでも、士官と兵の差がきわめて大きいのがわかる。

士官の洋食志向は、やはり外国との交流を前提としているためだろう。艦が長期航海して海外の港に入ると外交官や、その国の海軍軍人を招いて艦上でパーティが開かれたり、逆に招待されたりする。

あるいは成績優秀者は海外に駐在武官として派遣される。武官は大使館付きとなり、大使とともに行動したり、軍同士の交流が求められる。実際に日露戦争、日本海海戦時の連合艦隊司令長官、東郷平八郎はイギリスに派遣され、太平洋戦争開戦当時、司令長官であった山本五十六はアメリカ、開戦時に山本の参謀長であった宇垣纏はドイツ、後に連合艦隊司令長官を務める豊田副武はイギリスに派遣されている。

これらの機会のために、士官は西洋式のテーブルマナーを身に付けている必要がある。昼食が洋食コースだったというのもこのあたりに理由があるのだろう。

主計兵は給仕の訓練を受けたが、海軍兵学校ではテーブルマナーの授業があった。きっちりとした西洋風コース料理が出され、ナイフとフォークの位置も間違えないように覚える。なかなか楽しそうな授業であるが、太平洋戦争後半になって兵学校生徒も増え、物資も不足すると「形式のみにする」として、とりあえずやったことにして済ませる授業が増えてきたという。

洋食では食事の最初にスープを出されるケースが多いが、「形式のみ」になるとスープの代わりに皿には水が入り、これをすする。料理を楽しみにしていた兵学校生徒はさぞやがっかりしたことだろう。

兵と士官の待遇の差は、交歓会のためばかりでなく、海軍の西洋かぶれ、特にイギリスの風習を受けついでいるためである。

現在でもイギリスでは貴族制度が残っており、かつては貴族と領民はまったく別の生活をしていた。イギリス海軍ではこの風習は強く残っていて、古くから士官は貴族、兵は賤民(せんみん)という棲(す)み分けがあった。

海軍での階級の変遷も興味深い。最初期の帆走軍艦では「オフィサー」は一人だけ、他はすべて「セーラー」である。オフィサーつまり、士官がそのまま艦長を務めていた。

その後、人員が増えると、オフィサーを補佐する「セカンド・オフィサー」が登場し、これは「副長」と訳される。現在では艦長、あるいは船長を意味する「キャプテン」の呼び名はもっと後年になって登場する。

アメリカでは、海軍陸軍別の呼び方になって、海軍で「キャプテン」は艦長という役職名であるが、陸軍では「大尉」の階級名である。

日本でもイギリスの貴族階級に似た身分制度はあったが、日本の貴族制度は事実上明治維新で崩壊している。武家も同様である。しかも武家の場合は、江戸後期で軍事的な意味合いをもつ「番方（ばんかた）」と、事務職である「役方（やくかた）」では、同じ武士といってもまったく別ものとなっていた。そのため、武家出身者が必ずしも士官として勤務するとは限らなかった。

さすがに宮家では陸軍ないしは海軍に仕官する習慣が残っていたが、士官全員が高貴な出身ではない。

海軍では、貴族制度が消滅した日本に無理矢理、士官と兵、つまりオフィサーと、セーラーを持ち込んだため混乱、あるいは要り（い）もしない差別状態が発生したのである。

現代の自衛隊では、外部的には「士官（幹部）」と「下士官兵（曹、士）」は別ものとして扱われているが、古参曹の重要性は認識していて、「先任伍長」という地位を設けている。自衛隊のホームページには陸海空の幕僚長（司令長官）と先任伍長が各隊の代表者として顔を並べている。

§寂しき艦長、一人ぼっちの食餌

尉官は二次士官室にて集団で起居し食餌を取るが、佐官科長クラスではまったく別の士官室で食餌をとる。

佐官は個室を持っているため士官室といっても事実上の食堂であり、会議室である。副長を筆頭に全科長が集まる。普段はまったく関連のない軍医長と砲術長が並んで食餌するのである。科長同士はここで情報交換をしている。

士官用烹炊所ではそれぞれの調理を済ませると、隣接する食器室でとりわけ、従兵に引き渡す。従兵はそれぞれ准士官室、特務士官室、二次士官室、士官室へ、ワゴンを使って届ける。士官烹炊所の内部は士官烹炊所、艦長烹炊所、長官烹炊所に分かれていたとする図面が残っている。

兵食のような大量調理ではないが、品目が多く、なおかつオーダー製である。また、深夜でも夜勤の士官に食餌を届ける必要があったため、こちらも相当多忙を極めたと思われる。

最も優雅な生活をするのが司令部である。

大和が連合艦隊旗艦となった時期、昭和十七年（一九四二）二月から翌年一月のあいだ、すでに太平洋戦争に突入していたが、山本五十六とその参謀が乗り込んでいて、司令部員が司令室で食餌をとる。特に昼食は乗り込んでいる連合艦隊軍楽隊が前甲板に整列し「昼奏楽」と呼んで練習の総仕上げをする。司令長官がナイフとフォークに手を伸ばしたところで、従兵長が軍楽長に合図を送り演奏が開始される。曲目は三曲程度であったが、演奏が開始されると兵たちも「もうすぐ飯だ」とそわそわし始めたという。

気の毒なのは艦長である。

兵は兵同士、科長は科長で集まって食餌をする。二次士官室の尉官や、年功を経た特務士官も同じである。年齢も近く、経歴も似たような者の集まりである。

だが、大和で、艦に所属する大佐は艦長一人しかいない。

したがって、艦長は艦長用食堂で従兵を相手に一人で食餌を取ることになる。どんな美味いものを食べようが味気ないだろうと想像するが、孤独に耐えるのも艦長の責任の一つであるとされていた。

大和は大きな艦であるため士官室はいくつにも区分けされていたが、小さな艦では士官室が一つしかないようなケースがほとんどである。

特に駆逐艦では副長がおらず、駆逐艦長もまた艦橋で兵と同じ味噌汁ぶっかけ飯を掻き込んでいた。そのため、食費が安く、大型艦勤務より金が貯まったなどという笑い話がある。

山本五十六が乗り込んだ頃の大和は完成したばかりで、乗員もまだ不慣れ、懸命の訓練の最中であった。射撃訓練を見学した連合艦隊参謀長、宇垣纏中将（連合艦隊での序列は山本に次いで二位。後に大和と武蔵からなる第二艦隊配下の第一戦隊を指揮するなど、大和と縁の深い人物である）は日記『戦藻録』に「主力艦の必要性、連合艦隊旗艦として大体の成績は良好なり。しかし、いまだ充分になじまず。兵器を使いこなす点、行きいたらず。竣工一ヶ月後にしては上出来なり」と記述している。

第5章 大和の初陣 ミッドウェー、烹炊所の戦い

§大和進水からはじめての実戦参加まで

昭和十七年（一九四二）四月、アメリカ軍は空母から陸軍機を発艦させて、日本本土を攻撃する「トーキョーライド」を実施する。日本側では「ドーリットル空襲」と呼ぶ、はじめての日本空襲となった。

前年十二月の開戦以来、英米はいいところなしだった。真珠湾でアメリカ太平洋艦隊の戦艦は全滅し、グアム島の守備隊はあっさり降伏する。フィリピンの航空隊は開戦のその日に零戦と日本軍爆撃機に全滅させられ、二月には伊号第十七潜水艦によりカリフォルニア州サンタバーバラに砲撃を受ける。

米陸軍はフィリピン、ルソン島にあっさりと上陸を許し、フィリピン防衛指揮官、ダグラス・マッカーサーこそ「シンガポールは陥落したが、コレヒドールは健在なり」と口ばかりは威勢が良かったが、三月十一日にルーズベルト大統領の直接命令によりフィリピンを魚雷艇で脱出した。

なんとか日本に一矢（いっし）報いたいと考え出されたのが、航続距離の長い陸軍双発爆撃機を空母から発進させ、日本本土を攻撃後、中国に逃げる、というアイデアであった。陸軍航空隊のジミー・ドーリットル中佐が、海軍航空隊が着艦訓練のため陸上基地の周囲に空母の形を描いた飛行場にアイデアを得たとも、空母を機上から見たフランシス・ロー大佐の発案であったともいわれている。

二月一日、B25ミッチェル爆撃機の発艦試験が空母ホーネットで行われ、陸軍機が無事、空母から飛び立った。

第十八任務部隊指揮官としてウィリアム・ハルゼー提督が選び出され、空母ホーネットに十六機のB25がクレーンで積み込まれた。飛行甲板がB25に占領されたため、ホーネット搭載機は分解され、格納庫にしまい込まれた。護衛に空母エンタープライズが随伴した。この時のホーネットの艦長は、後に坊ノ岬沖海戦で大和と戦うこととなるマーク・ミッチャー大佐だった。

四月十八日、攻撃予定の前日、日本軍の特設監視艇第二十三日東丸がホーネットとエンタープライズを発見する。敵艦発見の報を発した日東丸は、遠洋マグロ漁船改造の監視艇ながら巡洋艦ナッシュビルに戦いを挑み、撃沈される。

アメリカ第十八任務部隊は周辺の哨戒艇を排除するも、日本側に発見されたのは明白であった。

当初、ドーリットル隊は夜間爆撃を予定していたが、艦隊司令ハルゼーは発進時間を七時間早めて全機のB25を発進させた。

日本国内、東京、神奈川県川崎市、横須賀市、愛知県名古屋市、三重県四日市市、兵庫県神戸市を爆撃した。当初軍事基地を攻撃する予定だったが、誤認して中学校に機銃掃射、病院を爆撃して民間人にも被害を与えた。

一方、日本軍は、哨戒艇の報告から空母の存在を知って警戒を強めたが、空母部隊の位置、アメリカ艦載機の航続距離からして攻撃は翌日になるとして、十分な対応をとれなかった。結果、小機数の迎撃機があがったものの、会敵できたのは旧式の陸軍の九七式戦闘機と、試作機の三式戦闘機のみであった。三式戦闘機は演習用の銃弾しか持っていなかったため、白煙を吹かせたが撃墜に至らなかった。

十六機のB25の内、一機がウラジオストックに不時着、日本とアメリカ政府は双方とも引き渡し要請を出したが、ソビエトはアメリカとも戦争状態になく、日本と相互不可侵条約を結んでいたため、乗員を抑留した。

他、十五機は中国上空でパラシュート脱出し、B25は全機喪失。乗員一名が戦死、行方不明二名。八名が日本軍の捕虜となった。

この攻撃の報に、海軍の山本五十六連合艦隊司令長官の受けた衝撃は大きかった。真珠湾ですでに米戦艦すべてを叩いており、少数の敵空母が残っているに過ぎなかったが、そのわずかな空母にしてやられたのである。すでに発案されていた「敵空母を誘い出して殲滅する」ミッドウェー作戦が俄然、現実味を帯びてきた。

大和の進水は昭和十五年（一九四〇）、八月八日。公試終了がはからずも真珠湾攻撃の前日、昭和十六年（一九四一）十二月七日。連合艦隊就役が十二月十六日。連合艦隊旗艦となったのが昭和十七年（一九四二）二月十二日。

同年五月二十九日、大和、柱島を抜錨。はじめての実戦、つまりミッドウェー作戦に出撃する。

§貴重な真水

真珠湾作戦では攻撃計画は慎重に隠蔽され、艦隊の乗員にも出港まで知らされなかった。一方、ミッドウェー作戦では計画はダダ漏れで民間人までもが海軍軍人相手に「次はミッドウェーに行くんですか」などと確認する状況だった。

日本軍の防諜不足とも指摘されているが、ミッドウェー作戦を承認する大海令（大本営海軍部命令）では「陸軍と協力しミッドウェー島を占領し、出現するであろう敵空母を殲滅すべし」と目標が記載されており、作戦を完遂させるためには敵空母を誘き出す必要があった。

ある程度の情報漏洩はしかたないと見ていた節もある。また、他に日本には無傷の空母瑞鶴があったが、これを参加させないとしていた。もし、日本側が五隻の空母を投入していればアメリカが出てこないとする判断からであった。

いずれにせよ、ミッドウェー作戦の作戦期間は三週間が予定され、大和には作戦期間分の食糧が積み込まれた。

　食品は帳簿上「生糧品」「貯糧品」「第一種消耗品」「第二種消耗品」等に分けられ、入港時だと生鮮品は毎日届けられ、貯蔵可能期間や消耗度合いによって、一週間おき、一ヶ月おきに届けられた。

　実戦出撃になると、定期的な補給に加えて、一挙に大量の食糧が運ばれてくる。生の野菜や、魚、肉などはいくら冷蔵庫、冷凍庫があってもそれほど保存が利くわけではない。

　魚などは、生で食べるのが一番旨（うま）い。しかし一日経つと焼き魚に、二日経つと煮魚にしないと今度は食中毒を心配しなければならない。続いて冷蔵、冷凍の肉に頼ることになる。

　野菜は葉物が真っ先に全滅する。主計教科書にも「葉物野菜がしなびたときは、水に浸（つ）けて勢いを取り戻させる」とあるが、どうしても限界がある。三週間も経つと根菜が中心になる。

　平時では、献立（こんだて）は一週間ごとに立てられ副長の裁可で許可される。

　しかし、戦闘が予期される場合、決裁は艦長が行う。

　出港すると、今度は水も不足してくる。接岸していればホースで、停泊していても毎日給水船がやってきて真水タンクを満たしてくれた。

　だが、洋上では蒸留器を利用しなければ飲料水は得られない。海水を沸（わ）かして蒸気を集め、冷却して真水を得るのである。蒸留器を動かすためには重油燃料が必要であり、真水を使いすぎると燃料不足に陥りかねない。明治期のデータであるが、一トンの真水を得るために燃料代が六円かかったという。単純な比較はできないが、昭和初期、新兵の初任給は六円五十銭であった。

入港中でも風呂は一週間に二度であった。海水を沸かした海水風呂である。浴槽に浸(つ)かる前に洗面器一杯の真水で身体を流し、浸かる。

身体を洗うにも、海水だと通常の石鹸(せっけん)では泡が立たない。ここでももう一杯の真水を消費する。最後にもう一杯の洗面器で石鹸を真水で洗い流してあがる。

出港すると、入浴が週に一度になり、やがて顔を洗うにも真水が不足するようになる。なにしろ、真水を得るためには燃料が必要である。燃料が途切れれば艦内の電灯はつかず、弾薬の冷却もできなくなる。下手をすると爆発事故に繋(つな)がる。爆発の原因が「顔の洗いすぎでした」では笑い話にもならない。

生活時間にも妙な齟齬(そご)が発生する。海軍は広い地域で展開するため、日本時間で就寝、起床時間を決める。ところがミッドウェー島はハワイに近い側、通常の時差にして二十時間ほど遅れている。日本では午後三時であっても、ミッドウェーはまだ前日の午後七時である。そこで「総員、昼寝用意」などと珍妙な命令が発せられる。

兵が苦労している間、司令部ではまったく別の不安が渦巻いていた。

司令長官山本五十六は兵と同じ時間に起き、朝風呂を浴びた後、艦橋に姿を現す。艦長と会話を交わすこともなく、朝食に向かう。朝食後、すべての参謀一人一人に小学校の生徒を当てるように所見を聞き、朝の会議が終わる。

昭和十七年（一九四二）六月四日、朝。五時五十五分。ミッドウェー海戦当日。

大和では「総員起こし五分前」の放送に続いて全艦放送が入った。

「さきほど、航空艦隊攻撃部隊が発艦した模様。本艦が戦闘に突入するまで、四十八時間の猶予がある。しかしながら、敵攻撃もあり得る。各員一層奮起せよ」

ミッドウェー作戦では空母四隻が先行部隊として、アメリカの空母、およびミッドウェー島を叩き、大和を中心とする攻撃主隊が敵機動部隊排除後、上陸作戦を支援する予定であった。したがって、大和が戦闘に突入するまでまだ一日か二日の余裕があった。

だが、その日の夕方、大和烹炊所に「夕食、第一戦闘配食」が伝えられた。握り飯を準備して、居住区で食餌するのである。

この時点で、すでにミッドウェー海戦の大勢は決しており、空母赤城、加賀、蒼龍が炎上中。ただ一隻生き残った飛龍がアメリカ機動部隊に反撃していた。だが飛龍もまた空母三隻からの集中攻撃を受けて沈没する運命にある。連合艦隊旗艦、つまり大和では燃え上がる空母をどうするか、作戦続行をどうするかで大混乱に陥っていた。

日本軍はまだ敗北を知らない。燃える空母を曳航するべきなのか、洋上を漂流させて敵が捕獲するのを見のがすのか。あるいは自軍の砲なり、魚雷で処分するのか決めかねていた。

また、命令の第二項「ミッドウェー島を占領せよ」をどうするのか。

空母の攻撃により、すでにミッドウェー島の基地に一定の被害を与えている。戦艦をもって上陸を援護できるのではないか。あるいは飛行機の傘のない状態で突っ込んでいったら、返り討ちに遭うのではないか。

夜戦を決行するのであれば、このままミッドウェー島をめざして進み、夜明け前に艦砲射撃をかけることになる。

司令部では、夜戦を決行するのか、引き返すのか決めかねていたのである。

§戦闘中もひたすら続く食餌の用意

戦艦霧島の烹炊所に勤務していた高橋孟氏の著作によると、霧島では通常の食餌を準備していたのが、早い時間に「第一戦闘配食」が命じられ、突如、五目飯になった。氏の著作にはないが、第一戦闘配食となると握り飯のはずである。

海軍の標準的なレシピから再現してみた。

《材料》
米……二合
牛肉……百グラム
ニンジン……一／四本
コンニャク……一／四枚

ゴボウ……一／四本
醤油……大さじ二杯
味醂……小さじ二杯

一、牛肉を細かく切る。ニンジンとコンニャクは長さ二センチぐらいの細切り。ゴボウは笹掻きにする。
二、ヘット（牛脂）で材料を炒める。火が通ったら醤油と、味醂を加えて煮詰める。
三、米を普通の水加減で炊く用意をして、二の材料を入れて炊く。

実際に作ってみると、牛肉のうま味が米に染みていくらでも食べられる感じである。

しかし、いつ食べたのか、どのように配給したのか高橋氏の著作に記述はない。ただ、艦が揺れ、天窓から轟音が降ってくるばかりであったという。

この時、霧島は空母赤城と同行し、襲来するアメリカ軍機から赤城を守って高射砲、対空機銃を発射し、爆弾を回避していた。戦闘は日暮れ前には終わり、被弾炎上した赤城は自軍の魚雷で処分され、戦艦による夜戦も行われなかった。夜間は敗戦処理に終わり、翌日、伊号第百六十八潜水艦が、傷ついた空母ヨークタウンにとどめを刺して、海戦は終わる。

どこかの時点で握り飯が配給されたのは間違いない。高橋氏の著書には「夜食に汁粉を作った」とあるからだ。

ミッドウェー海戦は日本側が空母四隻を失い、アメリカ側も一隻を失った。ミッドウェー島占領も放棄された。

戦艦大和のはじめての実戦出撃ながら、往路、潜水艦の潜望鏡らしきものに副砲を発射しただけだ。アメリカ軍の記録にこの日、潜水艦の損害は記録されていない。六月十四日、柱島に帰港。大和の乗員としては洋上を途中まで進み、理由もわからず帰ってきたというただそれだけの行動だった。

よく、太平洋戦争の転回点であるとされるが、日本の負け初めであって、戦争は始まってまだ半年しか経っていない。まだ、これから中盤から後半にかけて、それこそ血みどろの戦いが待っているのである。

第6章 上陸の甘い空気——ひとときの休息

§ネズミをつかまえれば〝上陸許可〟

南方では激戦が続いており、さらに次のステージに移ろうとしていた。ミッドウェーから帰った連合艦隊も国内で再建に向けての動きが始まっていた。

ミッドウェーで四隻の空母が沈没し、搭載機が失われた。母艦が沈没したため、損失機数は三百機を超えた。一方、空母が損害を受けた際、搭乗員は駆逐艦（くちく）に移乗し、母艦に降り立てなかった機体も護衛駆逐艦のそばに着水して搭乗員は救助された。ハードウェア的損失は大きかったが、教育に金も時間もかかる搭乗員の損失はわずかで済んだ。もっとも、ミッドウェー島の敗北を覆い隠すごとく、搭乗員や空母乗員は隔離された。

以下は空母蒼龍でミッドウェー戦に参加した原田要（はらだかなめ）氏に伝え聞いた話である。

「母艦を失いながらも生還した私たちは鹿児島の笠野原（かさのはら）基地に隔離されました。上陸もできない。外から私たちの姿が見えないようにする、トイレも指定される徹底ぶりでした。人間というものはつまらない生き物で、勝っている間はなにも気にならないのですが、こういった生活をしているとちょっとしたことで喧嘩（けんか）になる。戦争に負けるというのはこういうことかと思いました」

一方、なんら戦闘に寄与するところのなかった「大和」は柱島に戻り、乗員には「家事整理休暇」という名称で三日間の上陸がゆるされた。

海軍では陸上部隊であろうと外出を「上陸」と言い換える。

「月月火水木金金」とは海軍の訓練ぶりを読み込んだ歌であるが、実際には土曜は整理、掃除に充てられ、日曜は休暇で上陸がゆるされた。

最も回数の多い上陸は休日に半日だけゆるされる「半舷上陸」である。乗員の所属を便宜上、右舷、左舷に分け、半数ずつ上陸するのである。兵は上陸の際も制服、上官にあったら背筋を伸ばして敬礼する。電車やバス、公共機関を利用する場合でも絶対に座らないなどの規制があった。口うるさい上官、古参兵に出会って粗相があったら街中でもぶん殴られた。

もっとも「面倒だから、やらなかった」とはやはり私の父の弁である。口頭で注意して「次からは注意しろ」で済ませたそうである。

上陸して時間があれば家族に会いに行くが、その暇もなかなか取れない。半舷上陸ではせいぜい半日である。できるのは映画を見る、甘味を食う、そんな程度である。

新兵でも「下宿」を借りることもあった。

学生下宿とは違い、宿泊するわけではない。一種の休憩所である。呉や横須賀では海軍好きのおばちゃんや、夫婦でも「亭主が留守の時、物騒だから」と好んで下宿に部屋を開放していた。もちろん、幾ばくかの金はかかるが一部屋を数人で借りれば新兵の給与でもまかなえた。

下宿の側でも飯を食わせるわけではなく、せいぜい茶を出す程度で、割安だったようである。現代でも海上自衛隊幹部候補生学校のある江田島、防衛大学校のある横須賀を訪れると、街中に普通に「下宿、あります」の貼り紙が見られる。

新兵では二週間に一度、半舷上陸があるだけであるが、ある程度軍歴が長くなると「入湯上陸」が認められるようになる。

海軍の夜は早い。夕食は夏期で四時十五分、冬期で三時十五分というデータがある。食餌を終えて、午後九時の巡検までの間、上陸するのである。半舷上陸よりさらに短い。それこそ風呂に入る程度である。

とはいえ、艦にいれば風呂は古参兵に遠慮しての海水風呂である。肩までゆったり浸かれる陸上の銭湯はこの上ない贅沢である。

一等兵に進級して一年以上経過すると、六日に一回、つまり週に一度、入湯上陸できる。善行章（海軍在籍年数を示す徽章。海軍では三年ごとに一本もらえた）四本以上の場合は三日に二回、週に四回入湯上陸が認められ、入湯上陸に引き続いて半舷上陸さえ取れたという。この場合、外泊が可能になる。

ユーモラスなのが、ネズミ上陸や、油虫上陸であろう。海軍のみならず、すべての船乗りにとってネズミは敵である。烹炊所ではコレラやチフスの媒介になるし、鉄の軍艦といえども電線を齧られれば電気火災に直結する。

そこで、ネズミを捕らえた兵は上陸が許可されるのである。捕らえたネズミを副長か、副長直下の甲板士官のところへ持っていくと、士官はネズミのヒゲを切り、専用の箱で捨てる。ヒゲを切るのは捨てたネズミをゴミ箱から拾い上げて、再使用する不届き者が絶えなかったためである。油虫上陸も同様で、油虫をある一定数捕らえると上陸が許可された。たとえば、明治大正期の戦艦鹿島(かしま)では一匹のネズミで一日上陸、百匹の油虫で入湯上陸が許されたという。

ネズミ上陸のようなものがあるかと思えば、逆に海兵団では一切の上陸は認められない。統計的に海兵団での脱走が最も多いからである。志願兵ばかりの海軍で脱走とは意外かもしれないが、それだけ生活が厳しい。「初年兵は懲役よりつらい」といわれる。

後に空母飛龍で航空整備員となった瀧本邦慶氏に伺った話では「海兵団よりもなによりも、八重山での生活がつらかった」とのことである。実際に「上陸から帰らない兵がおり、海兵団が捜索を出したが、今でもどうなったかわからない」とした上で「山の中で首でも括ったのではないか」と推測されていた。

§「戦闘」よりコワかった「遅刻」

外出の際に兵が最も気にかけるのが「後発航期」、つまり遅刻である。陸上部隊では巡検までの時間に走って帰れば済む。船が桟橋(さんばし)に着いていれば、やはり走れる。しかし、戦艦や空母のような大きな船は沖合に停泊していて定期便で行き来する。上陸する兵は自分の艦行きの便の時間を覚えておいて乗り遅れないようにする。

もし遅れたら、どうなるか?
正式には軍法会議の上、平時では懲役三年、作戦前では敵前逃亡が適用されて銃殺刑である。実際に軍法会議があったとの話はきかない。海軍は鎮守府内に軍法会議を持っていたが、兵員の逮捕権はなく、隊内犯罪に対しては陸軍憲兵の手を借りる必要があった。海軍にとって恥である。艦にとっても大恥であり、副長や甲板士官は相応の隊内処分を加えるだろうし、記録に残れば昇進に響く。

遅刻は世界中の海軍で嫌われており、アメリカのフレデリック・〝ブル〟・ハルゼー提督の伝記にも、士官時代、出航前の兵が遅刻しないように集めるのが仕事で、酔っぱらった兵をかついだり、酔いつぶれていそうな場所を探して回るエピソードがある。

ある時、酔った兵が絡んできて殴り合いになりそうになった。街中で殴り合いをして、なおかつ遅刻などさせたらハルゼーの軍歴はとどめを刺される(ハルゼーの兵学校での卒業成績は最下級であった)。幸い兵がすぐに艦に戻ってくれたおかげでなにごともなかったが「海軍生活の中で、最大の危機であった」と述べている。ハルゼーというと「ブル」(猛牛)のあだ名から推測できるように、猛々しい発言で知られており、その勇壮なセリフを取材しようとアメリカの新聞記者が群がったという。

そんなハルゼーにしても、ソロモン海戦やレイテ沖海戦より、遅刻のほうが怖かったようである。

また、上陸は兵が散財する数少ない機会である。昭和初期、新兵の月給は十円ほど（昭和十七年のデータで二等兵で六円五十銭、一等兵で十三円。ただし二等兵は海兵団に限られ、現場に配備されると同時に一等兵に進級する）であった。この額は通常の勤め人と比べても格段に安いが、軍隊では食餌と住む場所の心配はなく、上陸しない限り金を使う場所はない。艦に住んでいれば一銭も使わずに生きていけるのである。

大型艦では「酒保（しゅほ）」と呼んで、主計科の担当で、業者や、酒保員を置いて酒や菓子類、家族へ手紙を書くための便箋（びんせん）などを売っている場所もあった。だが、酒保が開かれるのは基本的に夕食後に限られ、しかも、現金のやり取りをするわけではなく帳簿につけて給料から天引きである。現金を手にするのは給料をもらう時だけである。

そこで大抵の兵員は海軍の管理する預金や、家族への仕送りに充（あ）てていた。主計科に申し出て登録しておけば、給与係が指定の割合で「仕送り」「預金」「手渡し」に振り分けてくれた。もちろん、主計科では給料日前にはこれらの計算、手渡しのための現金勘定に忙殺（ぼうさつ）される。

筆者が伺った範囲だと、原田要氏は、「給与全額を仕送りにあてて、家族から心配された」そうである。もっとも、艦隊勤務だと、艦隊勤務手当や、飛行勤務手当が付き、その額は給与額を上回る。奥様や家族に白状したのは戦後になってからだそうである。

ミッドウェー海戦が終わってほぼ一ヶ月。

昭和十七年（一九四二）七月、大本営は「米軍の反攻は昭和十八年以降」と予測して、防御拠点としてソロモン諸島最大のガダルカナル島を調査して、飛行場造営のために造営隊を送り込んだ。

八月初頭、アメリカ軍海兵隊上陸部隊が空母エンタープライズ、サラトガ、ワスプの護衛のもと、襲来。七日にはアメリカ海兵隊一万名が上陸した。日本側の造営隊はわずか二千百名。たちまちにして追い落とされる。

八月十七日、南方作戦支援のため、大和は柱島を後にした。

第7章 トラック島の「大和ホテル」と「武蔵屋旅館」

§大和は本当に〝無用の長物〟だったのか？

日本を中心とした世界地図を想像してほしい。

東京から南に伊豆諸島、小笠原諸島が続いている。この南端から右、つまりアメリカ方向に目をやるとアメリカ寄りにハワイがあり、その手前がミッドウェー島である。ミッドウェー島を占領してハワイをおびやかせば、連合艦隊はアメリカ西海岸に空母機動部隊を送り込める。実際に上陸できるかどうかは別にしてもアメリカに対して休戦を求める契機になる。

アメリカは国内に直接攻撃を受けた前例がほとんどなく、昭和十七年（一九四二）二月二十四日、伊号第十七潜水艦がアメリカ西海岸で数隻の輸送船を沈め、サンタバーバラを砲撃すると（当時の潜水艦は砲を持っていた）アメリカは大混乱に陥った。その翌日には、いるはずもない日本の航空機が目撃され、ロスアンゼルスに空襲警報が発せられた。対空砲が一千発以上の砲弾を打ち上げ、陸軍機がおりもしない日本機を追いかけた。

オカルト好きには「ロスアンゼルスの戦い」として、ＵＦＯと戦闘したと記述されることが多い。ＵＦＯの有無はおくとしても、いかにアメリカが慌てふためいたかの証左（しょうさ）である。

いずれにせよ、アメリカ軍は具体的に日本軍の上陸に備えなければならなかった。開戦時点でカリフォルニア州ロスアンゼルス、サンフランシスコ、ロングビーチ、サンディエゴなどでは空襲を警戒して防空壕が準備され、市民には毒ガス攻撃に対処するための防毒マスクが配られた。

当初、ロッキー山脈で防衛する計画が立てられたが、後にはシカゴまで後退して防衛線を敷く計画まで検討された。

シカゴはアメリカ東海岸五大湖の一つ、ミシガン湖の湖畔に位置する工業都市である。五大湖周辺には、デトロイト、クリーブランドといった大都市が並び立つ一大工業地帯である。ここを守り抜かなければならないのは当然だとしても、実にアメリカ大陸の三分の二を放棄する撤退である。

アメリカとしては幸いにも、ミッドウェー海戦により日本軍の西海岸上陸の恐れは激減した。先に戦艦のビッグセブンを挙げたが、空母も軍縮条約により制限がかけられており「世界四大空母」とされたのがアメリカのレキシントン、サラトガと日本の赤城、加賀である。ミッドウェーで、日本の赤城と加賀が沈んでしまったのである。

かといって、アメリカも本格的に日本軍を排除する戦力を持っていない。空母サラトガは開戦直後の一月十一日に伊号第六潜水艦の雷撃を受けて入渠(にゅうきょ)していたのがやっと出てきた。

同型のレキシントンは五月八日珊瑚海(さんごかい)海戦で沈没。ミッドウェー海戦ではアメリカも無傷ではなく空母ヨークタウンを失っている。ワスプも軍縮条約で規制されたトン数の余りで作った一万五千トンの小物であるが、九月十五日、伊号第十九潜水艦の雷撃で沈没してしまった。正規空母でまともに動くのは二隻しかない。真珠湾で被害を受けた戦艦も引き上げられたものの、大半はまだドックで横たわっている。

ミッドウェー作戦前、日本はこの後どのように戦うか、三つの方針があった。

オーストラリアに侵攻する南進論。しかし、オーストラリアを占領することによって得られる軍事的利益は少なく、この案は廃案となった。

一つはアメリカ方向に進む東進論。

もう一つがインドに向かう西進論。この頃、インドは世界の製鉄の中心で、インドの鉄生産力を枢軸国が奪えばイギリス本国が危なくなる状況であった。イギリスがアメリカに「日本軍をインドから引きはがしてほしい」との依頼を持ちかけ、日本はこの誘いに乗ってしまった。つまりドーリットル空襲である。日本列島の南西には多数の島があり、空視拠点となる。ところが東には島がない。つまり、アメリカは「東側からならいつでも日本本土を攻撃できる」と示威してみせたのである。

ドーリットル空襲は単なるアメリカの意趣返しではなかったのである。

日本はミッドウェー海戦で敗北したが、アメリカが南方の根拠地とし、かつ、アルミニウム鉱石の原産地であるニューカレドニア方向に向かっていった。

再び世界地図に戻ろう。日本列島から小笠原をさらに南下すると、いくつかの小さな島の連なりがある。マリアナ諸島である。現在では観光地として名高いグアム島が含まれる。サイパン島、テニアン島とならびサトウキビの産地でもあった。

さらに南に進むと、ミクロネシアにチューク諸島と呼ばれる環礁（かんしょう）がある。最大幅六十四キロ、周囲二百キロに及ぶ世界最大級の環礁で、大小二百五十の島から諸島を構成する。

太平洋戦争当時、トラック諸島、あるいはトラック環礁と呼ばれた日本海軍の南方根拠地である。環礁の内側は波が穏やかで空母が全力航行して航空機を発艦できるほどのスペースがある。環礁に入る水道はわずか三つに限られており、アメリカの潜水艦が入って来る恐れもない。

このさらに南、ニューギニアに達する手前に、ニューブリテン島があり、有名なラバウル基地がある。

ラバウルから東側に多島海（たとうかい）、ソロモン諸島が広がる。この中のひときわ大きな島がガダルカナル島である。面積五千三百平方キロほどである。面積が六千百平方キロの茨城県より若干小さい面積を持つ。

これだけ広いと、飛行場を作る好適な場所が得られる。飛行場を作るためには一定の条件がそろっていなければならない。

小型の零戦でも二百メートル、大型の輸送機、爆撃機では一千メートルほどの滑走路が最低限必要であった。直線方向に距離が取れるだけでなく、平坦でないとまずい。右や左に、傾いていても具合が悪い。

なおかつ、海に近い必要がある。港から軍需物資を運べないと、人員や燃料、武器弾薬が欠乏する。陸送する手段もあったが、道を作らなければならないし、トラックもいる。太平洋戦争で、日本の輸送主力はまだ馬匹であった。

飛行場に求められる条件は日米ともに同じで、昭和十九年(一九四四)までのおおよそ二年間、ガダルカナル島とソロモンの島々をめぐって日本とアメリカが地獄絵図を展開するのである。

昭和十七年(一九四二)八月二十八日、大和、トラック泊地に入港。

大和は山本長官が戦死する翌十八年五月まで二百五十二日間、トラック泊地に留まることとなる。

大和は造っても無駄だった、とする弁がある。確かに太平洋戦争は空母機動部隊が中心となって戦われた。戦艦が使用されるとしても空母と同行できる速度が必要で、大和はそうではない、とする説である。

しかし、実際に太平洋戦争後半では、大和は昭和十九年(一九四四)のマリアナ沖海戦、レイテ海戦に参加しており、戦艦も参加した空母との戦いで砲弾を発射しなかったのはミッドウエー海戦だけである。しかも、完成してわずか七ヶ月であり、十分な訓練が行われていなかったと見るべきである。

そもそも、太平洋戦争全体を通じて戦艦対戦艦の戦いは二度しか起こっていない。一つは、先にも書いた一九四一年(昭和十六)五月、イギリス軍によるドイツ戦艦ビスマルク追討戦である。ビスマルクはイギリスの巡洋戦艦フッドを攻撃、撃沈し、ポスト条約型戦艦キング・ジョージ五世と、ビッグセブンの一つロドネーに討ち取られる。

もう一つが昭和十七年十一月十二日から十五日に日米の間で交わされた第三次ソロモン海海戦で、戦艦霧島がサウスダコタ、ワシントンと交戦した。霧島はサウスダコタに直撃を与え戦列から脱落させているが、ワシントンの砲撃により沈没した。象徴的なのは比叡の損失で、こちらは日中の航空攻撃で沈没している。太平洋戦争が空母による戦いであることを印象付けている。

以後、日米ともに戦艦は戦闘の最前列から姿を消す。

日本には戦艦を運用するような機会はなく、アメリカもまた高角砲で航空機を撃退する空母護衛や、艦砲射撃で陸上を攻撃するしか使い道がなかったのである。

唯一の例外が大和、榛名がアメリカの護衛空母ガンビア・ベイを撃沈し、カリニン・ベイ、ファンショウ・ベイを損傷させた昭和十九年十月二十五日のレイテ沖海戦である。この点を考えると大和はどちらかといえば役に立った戦艦といえよう。

他に大和が「使いものにならなかった」理由として「速力不足」「燃料重油不足」などがあげられるが、どちらも正当とはいえない。

速力に関しては二十七ノットで、アメリカの最新型アイオワ級の三十三ノットに劣るものの、空母と比べた場合でも、加賀の二十八・三ノットにわずかに劣るだけである。また、同時期に建造された欧米のポスト条約型戦艦と比べてもほぼ同等であり、太平洋戦争後半で日本が多用せざるを得なかった商船改造空母飛鷹(ひよう)や隼鷹(じゅんよう)よりは優速である。

また、実際に空母が最大速を出すのは爆弾や魚雷を回避する時だけで、同行の戦艦と速度を合わせる必要はない。飛行機を発艦させるときに二十ノットの速度が必要で、全体的な高速化が求められたため、最大速度も増大したと見るべきである。

「燃料不足」も同様である。大和は行動の起点をトラック泊地や、リンガ泊地に置いている。これらは油田地帯であるインドネシアから間近で、燃料は豊富に供給されていた。逆から見れば燃料に不足がないようにするため、南方に待機していたのである。

大和の燃料消費が多かった、といわれるが、飛び抜けて大きかったわけではない。

搭載燃料と、航続距離を比較してみよう。

・**戦艦「大和」**
航続距離七千二百浬(カイリ)。搭載燃料、六千四百トン。一・一三浬／トン（ただし、改装のたびに変化する。第一次改装後、一万浬、六千四百トンの数字もある。この場合燃費は一・五六浬／トンになる）

・**戦艦「金剛」**
航続距離九千八百浬。搭載燃料、六千四百八十トン。一・五一浬／トン

・**戦艦「長門」**

航続距離一万六百浬。搭載燃料、五千七百八十トン。一・八三浬／トン

・**戦艦「伊勢」**

航続距離九千四百四十九浬。搭載燃料、四千二百五十トン（航空戦艦改装後）。二・二二浬／トン

・**戦艦「扶桑（ふそう）」**

航続距離八千浬。搭載燃料、五千百四十八トン。一・五五浬／トン

・**空母「翔鶴（しょうかく）」**

航続距離九千七百浬。搭載燃料、五千トン。一・九四浬／トン

・**空母「加賀」**

航続距離一万浬。搭載燃料、七千五百トン。一・三三浬／トン

確かに燃料一トンあたり進める距離は短めである。旧式で機関出力の小さい扶桑（昭和十年改装。七万五千馬力）や、航空戦艦に改装され、後部砲塔をすべて取り払った伊勢（昭和十八年改装。八万馬力）、あるいは軽くて、高速を要求される空母に比べて、十五万馬力の大和が劣る

のはしかたないとしても、第一次改装時の数値では金剛と大差なく、空母加賀より有利である。もし、使い方が不十分であったとすれば、トラックに停泊していた昭和十七年後半から十八年前半、山本五十六戦死までの時期である。しかも、この時期アメリカの戦艦も何の役にも立っていなかったことを忘れるべきではない。

§トラック島の魚釣りと大宴会

第二次世界大戦、あるいは太平洋戦争、大東亜戦争と呼んだ時に四つの時期に分けて考えることができる。

第一期は昭和十二年(一九三七)、盧溝橋事件に端を発する日華事変、日中戦争の時期。日本軍は中国大陸に進出し連戦連勝を重ねる。しかし、あくまでうわべだけで実質的に戦争は長期化、泥沼化する。海軍に関しては陸戦隊を派遣したり、空母からの爆撃、台湾からの渡洋爆撃があったが本格的な洋上戦闘はない。

第二期は昭和十六年十二月八日の太平洋戦争開戦からの進撃期。真珠湾でアメリカ太平洋艦隊を壊滅させ、フィリピンを占領、マレー半島からイギリス軍を追い落とす。「マレーの戦い」は長い大英帝国の歴史の中で最大の被害を出した戦いであり、いまだに最大の敗北とされている。日本にとってミッドウェー作戦の失敗は手痛い敗北であったが、まだ優勢は続く。

第三期の停滞期がガダルカナル島の攻防戦である。

昭和18年(1943)10月17日、トラック島沖に碇泊する大和(奥)と武蔵。武蔵の艦体中央部に白く見えるのは日除けの天幕

昭和十七年八月七日、日本はガダルカナル島に上陸したものの、アメリカ軍の逆上陸を受けて押し合いへし合いが続く。アメリカ側としてもルーズベルト大統領が戦線の後退を許可した「十月危機」、昭和十八年日本軍の大攻勢による「聖バレンタインの虐殺(ぎゃくさつ)」など楽観できない状態が続いた。

第四期、末期。アメリカ軍が空母機動部隊を再編成し、日本がまったく手出しできなくなる昭和十九年二月「トラック島空襲」(海軍丁(てい)事件)以降、同年六月の「マリアナ沖海戦」の敗北により、マリアナ諸島からB29の本土空襲を招き、十月の「レイテ海戦」以降は体当たり特攻が唯一の攻撃手段となり、昭和二十年の「沖縄戦」を経て敗戦を迎える。

なお「太平洋戦争」と呼ぶか「大東亜戦争」と呼ぶかの議論が存在する。大東亜戦争は大戦当時の日本側の呼び方であり、日本占領時代にGHQによって「太平洋戦争」と表記する指示が発せられている。アメリカによる「押しつけ」の呼称として太平洋戦争という呼称が嫌われるケースがあるが、アメリカ国内では「第二次世界大戦、太平洋戦線」で統一されていて、大東亜つまり「イースト・アジア」という概念はない。少なくともGHQが思想的な理由で強制したわけではない。

大和がトラック島に入っていた時期、ガダルカナル島をめぐっていくつも重大な海戦が発生している。戦艦が使用される局面が何度か発生しており、この期間に大和が一度でも参加していれば「使えなかった」戦艦という評価は覆されただろう。

昭和十七年十月十三日深夜、栗田健男指揮する第三艦隊榛名、金剛がガダルカナル島、ヘンダーソン飛行場に対して艦砲射撃を加えた。山本五十六の発案であったが、当時、艦艇で陸上を攻撃するのは無謀と考えられていた。船は沈むが、陸は沈まないからである。命じられた栗田も常識論で答えたが、山本が「ならば、自分が大和で撃ちに行く」と言ったため、栗田は参謀たちと水杯を交わして出撃した。栗田の不安とは裏腹に戦艦二隻による集中攻撃で飛行場は火の海となった。もっとも、攻撃は不十分で日本軍は艦砲射撃を繰り返すことになる。

特に十一月十二日に発生した第三次ソロモン海海戦に大和が参加していれば戦局を変えた可能性もある。この海戦は、先述した通り戦艦霧島がアメリカ戦艦サウスダコタ、ワシントンと撃ち合った、太平洋戦争における唯一の戦艦による砲撃戦で、サウスダコタに大被害を与えるも、日本も比叡、霧島の二戦艦を失った。しかもアメリカはすでにレーダー照準を実用化していたため、日本艦隊はワシントンから一方的に打ちのめされた。比叡、霧島ともに第一次世界大戦の巡洋戦艦改装の旧式艦、一方アメリカ側はいずれもポスト条約型の最新鋭艦である。攻撃力も、防御力も比較にならない。日本側の敗北は必然でもあるが、もし、大和が出撃していればまったく逆になる可能性もあった。ワシントンの四十センチ砲では大和の装甲を打ち抜けない。逆に大和が一撃でも与えていればワシントンもただでは済まない。大きな活躍をする唯一の機会を逃してしまったのは否定できない。

ヘンダーソン飛行場砲撃も同様である。出撃したのは三十六センチ砲搭載の旧式の高速戦艦である。もし大和が出ていれば、より大きな戦果を得られていただろう。

結果的に水兵からさえ、「大和ホテル」と揶揄されるような過ごし方をしてしまったのが現実である。

前記、連合艦隊軍楽隊、種村二良氏はこの時期、大和に赴任したという。

「海兵団が終わって、軍楽隊の学校を出て、連合艦隊へ赴任と決まったんですが、旗艦は内地にいない。仕方なしにトラック島に向かう空母に便乗して大和に乗り込みました。でかかったですね。小山のようなフネでした」

この後、種村氏は連合艦隊付きの軍楽兵として、武蔵、大淀に乗り継ぐ。

「大和も武蔵も乗りましたが、どちらも新しいし、掃除も行き届いており綺麗な船でした」

少なくとも、軍楽兵にとって「大和」での生活が優雅なものだったのは間違いない。

「朝、国旗掲揚があるわけですが、ここで軍楽隊は国歌を演奏します。午前中、空いている場所を使って練習して、昼は司令部の食餌時間にあわせて昼奏楽をします。午後の練習があって、国旗降下となります」

この時期、大和では暇を持て余した乗員が短艇（手漕ぎカッター）を降ろして魚を釣っていた、という記述を多く見かけたので、これについてたずねると種村氏は軽く左手を挙げてこう答えた。

「魚釣りはよくやりましたよ。カッターを降ろしてというのは、私はやっていませんが、前甲板から糸を垂らすとみっともないから後ろでやれ、というお触れが出まして、短艇甲板で釣っていました。釣り上げると軍医のところへ持っていって食べられる魚か見てもらって、その夜は刺身で一杯ですよ」

なお、短艇甲板とは大和後部、露天甲板より一段低くなった側面が開放された部分である。通常の艦では短艇は露天に置かれているが、大和の場合、主砲の爆風で吹き飛ぶ恐れがあったため、最上甲板の下に格納されるようになっていた。

現在、海上自衛隊では艦内では一切禁酒である。海上自衛隊創設の際、アメリカ海軍の範に倣ったのだが、アメリカ海軍の将校は「我が軍の最もつまらない風習を真似た」と苦笑いしたそうである。

第6章で少し触れたように、大型艦には「酒保」という売店があった。語源がどこから来たのか不明であるが、陸軍でも同じように酒保と呼んでおり、酒を提供していた。海上自衛隊艦艇でも酒保と呼んでいるが、酒はない。余談であるが、防衛省、防衛大学校では売店、江田島の海上自衛隊幹部候補生学校ではコンビニが入っていた。

陸軍海軍を問わず、出入り業者が基地や艦艇に店を構えた売店が本来の酒保である。名前の通り、酒から、甘味類、家族に手紙を出すための便箋（びんせん）などの売店である。主計科、掌経理長の管理下にあり、基本的に業者が仕入れた物品を売る。基本的に、というのは例外があるからで、トラック島のような前線で業者が秘密戦艦に乗り込んでいたかは疑問である。業者が入らない分、主計科烹炊（ほうすい）員が販売品を作っていた可能性もある。主計員の記録で「羊羹（ようかん）を作った」など菓子類を作った記録、主計教科書で甘味類の作り方が記載されているので、烹炊所がこうしたものを提供していた可能性がある。

知られている例外品にラムネがある。ガラス瓶にビー玉を封入して栓にする炭酸飲料である。現在でも祭りの売店などで見られる。大和に限らず多くの船でラムネを艦上で生産して、販売したり、配給したりした。

ラムネそのものは真水と砂糖、クエン酸と香料を加えただけできわめて簡単に作れる。問題となるのは炭酸であるが、駆逐（くちく）艦や潜水艦のような小型でスペースの限られた艦でも炭酸ガスは酸素魚雷メンテナンスの際に副産物として得られる。

よく戦記などで「士官が先に予約を入れてしまい、兵が飲む分まで回らなかった」などの記述にぶつかるが、もし、兵が入手できなかったとしたら生産本数ではなく、瓶が足りなくなったためである。瓶はガラス製で消毒して使い回しがきく。大和の場合、ラムネ瓶は五千本積み込まれ、下士官兵烹炊所の一部を「ラムネ室」として使用していた。乗員数に対して本数が十分あり不足することはなかったようである。これもまた余談であるが、アメリカ海軍ではラムネではなく、納入業者としてコカ・コーラが選抜され、戦後、大きくシェアを伸ばすきっかけとなった。

どのようなタイミングかは不明であるが、海軍、陸軍ともに兵員に対して酒保品配給があり、ラムネや、甘味が配給されていた。

酒保では「売る」だけではなく「酒保食堂」を置く例もあったようである。もちろん、一斉に全乗員が殺到しては破裂してしまうので大抵は酒保に注文を出しておいて、当番兵が物品を受け取り、居住区で宴席を開くわけである。

主計科では長期航海で、食糧在庫が減った倉庫で宴会をしていたという。

酒と海軍には深いかかわりがあり、古くはイギリス海軍が水兵に酒を配給していた。帆船時代、カリブ海産のサトウキビから作られた酒がラム酒である。ラムの別名をグロッグともいう。死語になりつつあるがふらふらの状態を表す「グロッギー」はもともと酒を飲みすぎて伸びている状態を指す。

またラム酒を「ネルソンの血」とも呼び、こちらはトラファルガー海戦で勝利したものの、戦死したネルソン提督の遺体をラム酒に漬けて本国に持ち帰ったためであるとされている。遺体を漬けたまま甲板上に置いておいたため、酒を水兵が飲んでしまったという逸話がある。死体を漬けた酒を飲むというのは日本人には理解しがたいが、酒と海軍全般の話題として紹介しておく。

日本では海軍を脚気が襲ったが、帆船時代船乗りにとっての病魔は壊血病であった。これはビタミンC不足から発生する症状である。壊血病に対抗するためには、理由はわからなかったが、果物が効果があるということが知られていた。

イギリスは本国を出る際に大量のリンゴを、帰路には中南米で産出するライムを配給した。当然のようにライムはただそれだけだと酸味が強いのでライムベースのカクテルが生まれる。ギムレット、ダイキリなどが海軍発祥であると伝えられる。

日本海軍でも主計参考書に多数のカクテルの製法が記述されている。

これらはパーティで提供するのが主目的であろうが、酒そのものは兵員にも提供された。

気温が零度以下の場合、重労働があったと判断された場合に兵に「衛生酒」の名目で酒が配給される。火酒とも記述され、〇・〇三六リットルが規定とされている。現代の感覚でいえばワンショットほどである。日本酒に置き換えることも行われ、こちらだと百四十ミリリットルになる。こちらは一合弱である。明治期の記録に「嗜好品」の名目で、麦酒、清酒、葡萄酒、ウイスキー、ブランデー、ラム、ジン、ウォッカ、焼酎、泡盛などが名を連ねている。なかなか大した品ぞろえである。

他の話題として、最後の連合艦隊司令長官となった小沢治三郎中将はジョニーウォーカーを艦に持ち込んでいたとか、山本五十六がなにかにつけ酒を賭けた、戦闘機パイロット坂井三郎氏の自伝では「敵機を落とすと、そのエンジンの数だけ」一升瓶がもらえた、などとしている。海軍では日常的に酒が飲めていたのである。

先年焼失してしまった横須賀のいわゆる海軍料亭小松の女将に伺った話では、先代から聞いた話として「海軍さんが飲む酒はダルマが多かった」、またビールでは「星が付く、とゲンをかついでサッポロであった」とのことだった。

本題の大和では酒の品種すべてはわからないが、日本酒に関しては広島の地酒である「賀茂鶴」の名前がいたるところに見つけられる。

種村氏によるとやはり大和での生活は快適であったようだ。

「トラック島で散歩上陸という上陸があったんですよ。ですけど、指定食堂ぐらいしか店はないし、遊べる場所もない。艦に乗っていたほうが良かったですよ」

艦では息苦しくないのか聞くと、次のような答えが返ってきた。

「いやあ、全然。大和ホテルに武蔵屋旅館ですよ」

大和ホテルとは満州で満鉄（南満州鉄道株式会社）が所有していた実在のホテルで、政府高官や満鉄関係者しか泊まることができず、庶民には高嶺の花であった。戦艦大和を大和ホテルと揶揄したのは海軍の兵員自身であったが、時も過ぎ、種村氏も気にはならなかったらしい。

§艦内で栽培していたモヤシ

また、トラック島には慰安所や、先述の料亭小松の支店があったが、種村氏は十六歳で志願、十七歳で大和に配属された計算になる。慰安所も料亭も一軍楽兵には無縁であったようだ。

しかし、内地の陸上の生活と同じだったかどうかというと、そうでもなかったらしい。

「給糧艦っていってね、間宮とかが食糧を運んでくるんですよ。うれしかったなあ。新鮮なものが食べられるんだから」

と種村氏がトラック島での出来事を語る。

「間宮」とは大正十三年（一九二四）に、連合艦隊の艦艇へ食糧などの補給品を運ぶ目的で建造された船である。石炭をくべて走る旧式船であったが、冷蔵庫冷凍庫を搭載して、艦内で食品を作る「浮かぶ厨房」である。大和では最大の科は砲術科であったが、間宮最大の科は主計科であった。烹炊員ばかりでなく、傭人が多数乗り込んでいた。一隻で連合艦隊の半数に三週間分の食糧を供給できたという。当初、給糧艦は間宮だけであったが、連合艦隊では伊良湖、杵埼などの給糧艦を建造して食糧供給、士気高揚に当たった。

種村氏の発言から、確かに大和での生活条件は優れていたが、万能ではなかったことがわかる。

よく、「大和、武蔵に供給される食糧の質が良かった」とする説を耳にするが、納入品目の細目が不明で確認できない。しかし、大和の冷凍庫、冷蔵庫が強力ですぐれた食糧保管能力を持っていたのも事実である。駆逐艦や巡洋艦にも弾薬用冷却設備はあったが、冷気を食糧に回す余裕はない。大和は生鮮品の冷凍、冷蔵によって豊富な食料品目を、駆逐艦や潜水艦に供給していた。事実であるとすれば大和に対して優先して食糧が供給されていたわけではなく、他の艦でも大和と同じ原材料を使用していたことになる。

大和の食糧保管能力がいかに優秀でも、生鮮品の保存にはどうしても限界がある。特に深刻なのは野菜である。葉物野菜は真っ先にやられる。ほうれん草やネギを、ジャガイモやタマネギに変えて規定量は満たしたとしても、それだけではやはり栄養が偏る。

一方、海軍主計教科書ではさまざまな食品の自作方法をあげている。ぬか漬けの作り方、豆腐の製法、納豆の発酵などである。実際にはこれらは「生鮮品」に分類された。内地では毎日軍需部で用意されたが、トラック島は珊瑚（さんご）性の島であるから表土が少なく、耕作面積は少ない。現地調達にも限界がある。

終戦までトラック島に取り残された航空整備員、瀧本氏は、「内地からの輸送が途絶えたため、食糧自給用として種芋が配られ、ジャングルの中に畑を耕して芋を作った。成長が早いので助かった」と述べているが、それでも食糧供給は足りなかった。

軍艦の自家製造で活躍したのはモヤシであったという。モヤシは通常、緑豆（りょくとう）という小型の豆を水で発芽させたものを食用とする。薄暗くて、ある程度気温が高ければ数日で食べられるようになる。苗床の容器と、場所さえあればほとんど手がかからない。

連合艦隊では、さすがにモヤシ用の豆は調達していなかったようであるが、代わりに大豆モヤシが艦内で育成された。乾燥大豆は保存も利き、軽い。かなりの量を艦に積み込んでも問題はない。これを利用して駆逐艦などの小型艦でも大豆モヤシを作っていた。艦内で薄暗くて、暖かい場所にはこと欠かない。モヤシは生鮮野菜に属し、味噌汁や、お浸（ひた）しとして大好評を博したという。しかも、モヤシには壊血病を防ぐビタミンCが豊富である。おかげで日本海軍は壊血病と無縁であった。

とはいえ、モヤシとジャガイモだけではたまらない。冷凍庫、冷蔵庫保存にも限界がある。時間が経過すればさすがに大和でも保存食に頼らなければならなくなる。陸海軍ともども保存食料の開発には熱心で缶詰、乾燥食品などが開発され、使用されていた。乾燥醤油、濃縮醤油、乾燥味噌、乾燥鶏卵、乾燥ジャガイモに乾燥ニンジン。年配の方は「乾燥バナナ」「乾燥リンゴ」を覚えておられるかもしれないが、決して美味ではない。

とはいえ、食品が尽きてくるとこれらに頼らなければならない。

間宮が内地から運んでくる食糧は全艦隊が待ち望んでおり、水平線上に間宮の高い煙突（石炭燃焼のため、重油ボイラーの艦より多くの煤煙を発生させる）が見えると艦内が沸き立ったという。

海軍では「水」が貴重品で、風呂を浴びるのも一苦労であったが、洗濯も大事であった。

普段、水の使用が制限されるため海上での洗濯は特殊である。週に二度で兵は手持ちの衣類を全部、自分で洗う。

号令とともに露天甲板に上がり、一斉に洗濯を始める。洗濯洗剤はまだないので、普通の固形石鹼を使う。配給される真水は洗面器二杯ほどしかなく、まず一番汚れの激しい褌を洗う。その上でシャツなどの下着を積み重ねて洗い、作業衣、制服と積み上げる。あまり汚れていない衣類を上に積み上げ、下側の汚れ物に石鹼水を染み込ませるのである。すすぎも上から真水が下に染み込むようにしていく。

いくつかの海軍関係者の著書に「海軍さんは石鹸の匂いがする」と言われたという記述が残っている。事情を知らない民間人や陸軍は清潔な印象を持っていたようであるが、なんのことはない、すすぎが足りなかったのである。

南洋では大胆にもスコールを利用した。

南洋では定期的にスコールが訪れる。艦橋で雨雲が近づいてくるのを確認すると全艦放送で「総員、スコール、浴び方用意」がかかる。手が空いているものは褌一丁、あるいは全裸で露天艦橋に飛び出し、石鹸で自分の身体から衣類から一斉に洗濯した。

スコールが来れば水を節約する必要はない。身体も衣類も洗い放題である。

スコールが上がると強い日光が照りはじめるので洗濯物はたちまちにして乾いた。物干し場として、大和では前甲板が指定されていた。

また、露天艦橋の大部分には日除け(ひよけ)のために天幕が張られており、天幕に溜まった雨水、タライに溜められた水が真水として浴用に使用された。

停泊中ばかりでなく、航行中だと気の利いた艦長は雨雲を見つけると艦をスコールに突入させたという。

もっとも、身体を洗い始めたはいいが、スコールがすぐに上がってしまった、あるいは雨雲が艦の横を通り過ぎてしまったという場合、石鹸を落とすのに難儀したという。一体どうしたのかかなり気になる。海水でぬぐい、飲用の水を割いて拭き取るしかないはずなのであるが、今のところ「苦労した」という記述しか見当たらないでいる。

§大和の「おせち料理」

戦艦では週に二度、海水風呂ではあったが、温かい湯に浸かれた。

しかし、駆逐艦や潜水艦ではもともと風呂がない。特に潜水艦では日中は潜行、夜間だけ浮上する。下手をするとスコールすら浴びられない。

そこで、潜水艦や駆逐艦は、たびたび大和に横付けして、風呂を借りに来たという。駆逐艦では蒸留装置もないため、飲み水も不足した。

小型艦からすれば、大和はさぞや立派なホテルとして目に映っただろう。

トラック島で大和は完成してから二度目の正月を迎えた。

正月と、正月に伴う行事は昭和初期の日本にとって、そして楽しみの少ない海軍にとって重要であった。

軍需部では「餅搗き要具」を用意して、年末年始に、艦に貸し出していた。「餅搗き要具」とはつまり臼と杵である。いずれも重量がかさみ、しかも、年末年始以外使わないため、艦には常備していない。軍需部でも全艦に配れるほど数はないだろうし、艦としては数少ない楽しみである。引っ張りだこであったようだ。

もし、これが銃後、つまり民間であれば「非常時になにを悠長なことを」と後ろ指をさされそうだが、軍隊では逆にこうした伝統行事を重んじ、さまざまな理由をつけて実施していた。

年が明けて昭和十八年、士官は艦長室前の「大和神社」（初代艦長が大和神社で受けてきたお札を祀っている）に詣でた後、前甲板で皇居に向けての遙拝式を行った。

大和での兵員食ははっきりしないが、他艦での資料によると「ゴマメ、きんとん、なます、雑煮」、潜水艦でも「かまぼこ（缶詰）、雑煮（缶詰餅）」などとある。山本五十六が新年の朝食に出た尾頭付きがなぜか左右逆になっていたので、「烹炊員に手間を借りることもないだろう」と自分で直した、という逸話もある。魚の左右をたがえるのは不吉だ、という話で伝えられる場合が多いが、ここでは司令部では新年に尾頭付きが出たという部分を強調したい。

同時に三食を準備する烹炊員の多忙も想像に難くない。

年末、餅米を蒸すには当然釜を使う。釜に水を張って沸騰させ、餅米を蒸す。そのためには丸々一つの炊飯釜を必要とする。蒸すのも、人手が足りないからと、機関科や砲術科から応援を頼むわけにもいかない。烹炊員がやらなければならない。搗きあがった餅はすぐ食べられるわけではない。鏡餅にして大和神社に供えられる。

とすると、一つ足りない釜で定量の食餌を作らなければならない。

正月へ向けての準備も欠かせない。昆布巻きを作るのであれば身欠きニシンを戻さなければならない。となると、どうしても一晩、米の研ぎ汁につける必要がある。黒豆も水で戻さなければならない。戻した上、長時間をかけて煮込む。長時間調理は蒸気釜の得意とするところだが、それだけ長い時間、鍋を占有する。

年越し蕎麦も、蕎麦粉さえあれば「自動製麺機」が、蕎麦だろうが、うどんだろうが、作ってくれる。

もっとも、大晦日と、元日の朝さえやり過ごせば、将兵ともに無礼講で英気を養えた。

§ガダルカナルの激闘をよそに、たるむ大和の士気

この時期、日本は負け始めていた。末期ほどのボロ負けではないが、苦境に立たされていた。ラバウル航空隊は能く航空攻撃を防いでいたが、ガダルカナル島をめぐる戦いで図体が大きく、速度の遅い輸送船の損失が目立つようになる。武器弾薬食糧供給も間に合わない。仕方なしに高速の駆逐艦に米俵を積んで輸送船として使う「ネズミ輸送」を始める。小型の駆逐艦が列なす姿が列車のように見えたためアメリカ軍は「トーキョー・エキスプレス」と呼んだ。

しかし、ガダルカナル島の航空優勢はアメリカ軍が持っていた。日本もラバウルから爆撃機、戦闘機を飛ばして被害を与えるが、駆逐艦も空からの攻撃には損耗してくる。米袋を陸揚げしている時に爆撃を受けたらひとたまりもない。ドラム缶に半分だけ米を入れ、海水に浮かぶようにして夜間、海中に放り込み、陸軍が拾い上げるような工夫をしたが、駆逐艦そのものが行き帰りに飛行機にやられる。

駆逐艦の損失が多くなると、今度は潜水艦で米を輸送する「アリ輸送」に切り替える。潜水艦は隠密性こそ高いが、速度はせいぜい二十ノット、駆逐艦の半分ほどと遅い。しかも、荷物は駆逐艦のハッチを通れるサイズの物品に限られ、輸送効率は激減する。食糧を降ろしてできた隙間に傷病者をのせて帰っていたが、潜水艦では収容できる人数は数人でしかない。

本来戦闘艦である駆逐艦や、潜水艦を、ネズミ輸送やアリ輸送に投入したため、海軍では駆逐艦、潜水艦を失う結果になる。とはいえ、なんとしても輸送は続けなければならない。

ガダルカナル島では将兵が飢え、みずから木の根を掘り、ジャングルの新芽を摘んで煮て食べていた。アメーバ赤痢、デング熱が蔓延し、動けなくなった兵は食糧確保ができなくなり、飢えて死んだ。

アメリカ軍もまた熱帯病を多発させた。日本は除虫菊を使った蚊取り線香で蚊を防いだが、アメリカでは除虫菊の生産がない。戦前、日本から輸入していたのが途絶えてしまったのである。蚊帳もない。デング熱やマラリアを媒介するネッタイシマカに対する方策は唯一、むやみやたらにDDTを撒くことだった。アメリカ陸軍が虫除け剤「ディート」の開発に成功するのは昭和二十一年（一九四六）になってからである。

昭和十八年二月。連合艦隊は、ガダルカナル島からの撤退作戦であるケ号作戦を実施。一旦、日本は大攻勢をかけた後、夜間、輸送船を送り込んで兵員を収容、撤退した。アメリカ軍は日本軍の攻撃が激化すると予測して後退した後、攻勢に打って出たが、島はもぬけの空だった。

日本軍がガダルカナル島に送り込んだ兵は三万六千。収容できた兵員は一万余。二万以上の兵が飢えて死んだ。

この頃、やはりご自身も負傷してガダルカナル島に不時着、救出された零戦パイロット原田要氏から聞いた話である。

「ガダルカナルで救助の船に乗り込んだのはかろうじて覚えています。気がついたのはトラック島の海軍病院に収容されてからです。それから病院船だった氷川丸で内地に送還されたのですが、病院船といっても怪我人より飢餓者のほうが多いんですよ。飢えたとき、いきなり食べ物を食べるとかえって悪いんですよ。だけど、みんな飢えているし、病院船だから探せばなにかしら食べ物がある。くすねてきて食べて、どんどん死んでいくんです」

病院船の中でも、飢餓に瀕した兵はバタバタと倒れた。


この時期、大和の士気はたるんでいた。もちろん、遊んでいたわけではない。砲術や、機関、さまざまな兵科は猛烈な訓練に勤しんでいた。逆説的であるが、艦は実戦に従事するより、国内で訓練していたほうが実力が上がる。以前にも述べたミッドウェー海戦は朝のうちに戦闘が始まり、昼過ぎには大勢が決まっている。実戦は数時間で終わる。だが、訓練は午前午後繰り返され、何日も続く。

平時、軍艦は「実戦」「訓練」「整備」三つのサイクルを繰り返す。しかし、大和の場合は百日以上、訓練を繰り返していた。

兵たちは破損した小型艦を見て意気消沈していただろうが、実力という点からは、「大和ホテル」と揶揄されていた頃が最も高い実力を保持していたのかもしれない。

十一日。

連合艦隊司令部を大和から武蔵に移動。大和では航空戦の指揮能力がなかったが、武蔵には対空レーダー、航空機用通信施設が追加されていたためである。指揮能力の向上に伴って、会議室、作戦室も拡充されていた。

山本長官も去り、ただでさえたるんでいた大和の士気は、さらにぶったるむ。

憂慮した艦長、松田千秋（まつだちあき）大佐は士官全員を前甲板に呼び寄せて、兵棋（へいぎ）演習を公開実施した。兵棋演習とは将棋の駒のように、艦を模した木の板を海図の上に置き、戦場を再現する演習である。

ボードシミュレーションゲームのようだと思われるかもしれないが、話は逆で、兵棋演習をベースにシミュレーションゲームが作られたのだ。

演習を監督する艦長、松田大佐は砲術の専門家で、海軍大学校の教官を務めたこともあるベテランであり、操艦に関しても「すべての航空攻撃は回避できる」と豪語し、後に、日向、伊勢を指揮して回避術を実践してみせた強者（つわもの）である。

元海軍大学校教官から指導を受けられるとあって、この演習は好評で「大和大学校」と呼ばれた。こうなると武蔵も負けていない。柔道、剣道、相撲などの武術大会を開き「武蔵武術学校」と呼ばれる。

柔道には段位が存在し、日本では現在、講道館が段位認定団体である。海外でもそれぞれの国で段位認定している。現代では講道館に一本化されたが、戦前ではいくつかの段位認定団体が存在し、「海兵団」の認定する段位は講道館同様、権威のあるものであった。

さらに礁内競漕をはじめる。カッター漕ぎの競漕である。各艦、各分隊から選手を出して順位を競う。

連合艦隊は活気を取り戻しつつあった。空母翔鶴、瑞鶴、隼鷹の搭載機がガダルカナル島を攻撃する。なお、これまで何度か本書に登場している原田要氏が負傷、不時着したのはこの時期である。

さらにはこれら艦載機を陸上基地に配備して攻撃を加える「い号作戦」が実施される。

攻勢に転じたかと思われたが、昭和十八年四月十八日。

い号作戦視察のため、ブーゲンビル島ブイン基地を経てバラレ島基地に向かう予定で、連合艦隊司令部は二機の一式陸上攻撃機に分乗して飛び立った。安全性を上げるため、一番機に山本五十六が、二番機に参謀長宇垣纏と分かれての移動である。一方、アメリカ軍は日本軍の暗号を解読して山本の動向を察知していた。アメリカ軍は山本機を撃墜する計画を立てた。

だが、ヘンダーソン飛行場のあるガダルカナルからブーゲンビル島までの距離は遠く、一般的な戦闘機では航続距離が足りない。そこで双発双胴単座で大量のガソリンを積めて、強力な武装を持つＰ38戦闘機が選定された。それでも山本を待ち伏せするにも十数分しか燃料がもたない。

アメリカには別の不安もあった。山本が死んでも後任に、より優秀な指揮官が就くのではないか。

このときについて伝説がある。あるアメリカ軍指揮官が断言したというのである。

「山本より優秀な指揮官は一人いた。山口多聞(やまぐちたもん)である。だが、ヤマグチはミッドウェーで戦死している」

懸念もある。そもそも燃料が尽きる恐れもあった。

それでもアメリカ軍は賭けに出た。

ウィリアム・ハルゼーの伝記『キル・ジャップス!』に次のような記述がある。

「山本を殺(や)れ」


昭和十八年四月十八日、七時五十分。山本五十六長官の乗機が、アメリカ軍P38戦闘機十六機の襲撃を受けて墜落。山本長官が搭乗していた一番機は搭乗員十一名が全員戦死した。

山本の遺体は座席に安全ベルトで固定されたまま機外で発見された。遺体に損傷があったとも、なかったとも二つの説がある。

二十日には遺体はラバウルに運ばれ、茶毘(だび)に付された。遺骨はトラック島に送られ、武蔵の長官室に安置された。

海軍甲(こう)事件と呼ばれる。

第8章 「輸送船」大和に課せられた、さらなる食餌供給量

§意外に小回りのきいた大和

昭和十八年（一九四三）五月八日、理由は乗員に知らされないまま、大和は武蔵とともに帰国の途についた。

多くの場合、乗員は船がどこに向かっているのか、なにをしようとしているのかわからない。

武蔵の長官室には荼毘に付された山本と司令部員の遺骨が、かろうじて生き延びた宇垣纒参謀長と、黒島亀人先任参謀に守られていた。宇垣は乗機が海上に墜落し、自身も右腕開放性複雑骨折、動脈切断という重傷を負いながらも浮遊物につかまって陸にたどり着き、一命をとりとめた。黒島はデング熱による発熱により視察に同行していなかった。

六月五日には米内光政により山本五十六の国葬が営まれた。

一方、大和は第一次改装のため呉第四ドックに入渠する。確かにトラック島は一大根拠地であったが、ドックもなく水面下のメンテナンスは不可能である。それでいながら海水に浸かっているため、貝や藻類が固着して最大速度、巡航速度に悪影響をもたらす。

五月二十一日、入渠。副砲部強化、二十五ミリ三連装機銃を六基増設した。この後、警泊、近海航行、入渠を繰り返し、レーダーを搭載しさらに使用試験を行う。完成直後、艦は海上公試を行うが、艦の性能に変化があるとされる改修の場合でも同様のテストが実施される。大和では実際の航海の成績から重油タンクの見直しが行われ、重心位置が一メートルほど前方に移動した。このため、予定性能航続距離八千浬であったのが、一万浬を超えた。規定の搭載燃料を減少させたため、巡航速度は十五・九一ノット、時速三十キロ弱に達した。

所定のメンテナンスと訓練を終えた大和は八月二十三日、再びトラック島に入泊。「大和ホテル」として、各艦への補給、補修の必要な駆逐艦、輸送艦の修理部品を艦内で製造して供給した。

艦長は松田大佐が軍令部に転任し、後任には大野竹二大佐（伊集院五郎元帥の次男。伊集院元帥は東郷平八郎の後任として連合艦隊司令長官を務めた）が着任した。

この頃からアメリカ機動部隊が再建されはじめ、九月十九日、ギルバート諸島に来襲、十月六日にはウェーク島に来襲した。

太平洋戦争開戦以前、日本国内の航空派の中にも「空母をどのように建造、運用すべきか」の議論が存在した。空母は脆弱な艦種であり、爆弾一発を受けただけで行動が不可能になる。当時の空母の飛行甲板は木製であり、飛行甲板下の格納甲板には燃料パイプが走っている。

実際にミッドウェー海戦では日本の空母四隻が少数の爆弾によって搭載機に火がつき、その結果発生した火災から損失した。

日本側では知るよしもなかったが、アメリカの空母レキシントンは航空燃料、つまりガソリンが漏れ出て揮発し、機内に充満したガス状のガソリンに引火して沈没していた。

空母が艦種として弱いのは日米とも共通した認識として存在していた。そこでなんらかの対策が必要となる。

日本側の議論では「小型の空母を量産して、一隻二隻が被害を受けても航空隊全体としての戦力を確保する」という主張と「空母も大型化して一定の装甲を持たせ、少数の艦を作る」との意見が存在した。議論の帰着を見ないまま太平洋戦争に突入し結果として「使えるものはすべて空母として使用する」ことになり、大和型三番艦として建造が開始された信濃は空母へと設計変更される。また、巡洋艦伊吹型も空母として完成することとなる。また、隼鷹、飛鷹などは客船からの改造である。

日本では場当たり的な対応であったが、アメリカはより積極的な建造計画を実施した。つまり、「大型だろうが小型だろうが、空母を大量生産する」である。

太平洋戦争開戦後、日本が純粋に空母として完成させたのは大鳳一隻のみといって構わない。中型の雲龍型三隻を完成させたもののまったく戦局に寄与しなかった。

一方、アメリカは大型のエセックス級十七隻、一万トンのインデペンデンス級九隻を竣工させている。エセックス級は、排水量では赤城やサラトガに及ばないが、搭載機数は百機とどちらよりも多い。

しかし、ここでも問題となるのが搭乗員の養成である。

日中戦争当時、日本の操縦員は十時間から二十時間で単独飛行し、三百五十時間程度で実戦投入された。空母搭乗員はこの中からさらに選別され、発着艦訓練を受ける。空母の飛行甲板は陸上の飛行場と比べてきわめて小さい。

開戦当時、最大級の空母であった赤城でも、飛行甲板長二百五十メートル、幅三十メートルしかない。陸軍が戦闘機基地としていた調布基地（現在の調布飛行場）は幅八十メートル、全長一千メートルあった。これで小型機用である。空母の小ささがわかるだろう。

発艦する際は軽い戦闘機、二百五十キロ爆弾を持った急降下爆撃機、八百キロ爆弾ないしは一トン魚雷を積んだ攻撃機の順で発艦させる。艦そのものも二十ノットまで速度を上げ、向かい風とあわせてなんとか発艦できる。

着艦する場合は飛行甲板の後部に張られた「着艦ワイヤー」に飛行機から降ろした「着艦フック」を引っかけて止める。もし、ワイヤー部分より手前に降ろしたら艦尾に激突する。向こうに行きすぎたら、運が良くて海の中、飛行甲板前部に他の機がいれば激突して火災になりかねない。

艦載機要員は最初、地上の滑走路で「定点着陸」と呼ぶ一点で着陸する訓練を行う。これで十分となったら、日本では練習空母鳳翔（ミッドウェー作戦にも参加したが、搭載機は複葉の旧式機だったので戦闘には参加していない。その後、練習空母として利用される）、アメリカではウォルヴァリン、セーブル（石炭レシプロの外輪船。五大湖で使用された）で訓練を行い、実用空母に配属される。

練習空母は波の少ない、つまりあまり揺れない状態で使用されるが、実用だと外洋で天候の影響も受ける。実戦部隊に移ったからとて、すぐに攻撃隊に参加できるわけではない。

日本でも搭乗員不足は深刻であったが、アメリカでも空母は造ったものの、搭乗員がいないとの情況は同じであった。そこでアメリカの取った手段はパイロットのオン・ザ・ジョブ・トレーニングである。比較的、反撃の少ないであろう目標に対して新人パイロットだろうと出撃させて経験を積ませる。着艦失敗による損失はあるだろうが、パイロットさえ救出すれば、飛行機は新たに作ればよい。パイロットを救出すれば、というのは荒っぽい考え方に捉えられがちであるが、日米ともに平時から着艦失敗に備えてパイロット救出用の駆逐艦を随伴させていた。日本では「トンボ釣り」と呼び、魚雷や主砲を外した旧式艦を搭乗員救出専用にあてていた。

ギルバート諸島やウェーク島への襲来はアメリカ空母機動部隊編成への初動だったのである。十月十七日、連合艦隊は敵機動部隊出撃の公算高し、としてエニウェトク環礁に進出。大和をはじめ、戦艦武蔵、長門、扶桑。空母翔鶴、瑞鶴。小型空母瑞鳳。改装空母隼鷹、飛鷹を中心とする大艦隊である。

このエニウェトク環礁進出を見ても、「大和は大量の燃料を消費するため、使いづらかった」との言が誇張であるとわかる。もし、それほど燃費が悪ければ進出は見送られていたはずだ。エニウェトク環礁進出以降、大和はあらゆる戦闘に参加する。

しかし、敵艦隊の出現はなかった。

また「エニウェトク進出の空振り」から、海戦、あるいは戦闘の発生する要件が説明できる。つまり、海戦は「敵味方、双方が海戦を行う」との意志決定が一致したときに起きる、のである。

戦艦と戦艦、空母と空母がぶつかり合う場合は、まず片方がなんらかの目的を持って艦隊を進出させるという行動が必要になる。同時に相手側も「目的を阻止する」ために行動を起こす。不可思議な物言いになるが、双方の意志が一致してはじめて海戦が発生する。

エニウェトク環礁の場合、日本側が「アメリカがエニウェトク環礁を攻撃する」という判断をして艦隊を進出させた。しかし、現実にはアメリカの出現がなかったから、海戦が発生しなかった。

ミッドウェー海戦では日本は「ミッドウェー島を占領し、敵空母を殲滅する」目的で艦隊を出撃させた。アメリカでは日本の動きを察知して、艦隊を出撃させた。つまり、双方の意図が一致して海戦となったのだ。

あまり知られていないが、ミッドウェー作戦と同時に日本が実施した作戦にアリューシャン作戦がある。本来はミッドウェー攻撃に対する陽動作戦で、アリューシャン列島のアッツ島、キスカ島を攻撃占領する作戦である。こちらには空母隼鷹が充てられ、作戦後に南下して搭載機をミッドウェー島に陸揚げする計画だった。アメリカ側は戦力をミッドウェー島に集中させたため海戦は発生せず、日本軍はほぼ無抵抗のアリューシャンを占領した。

昭和十九年（一九四四）に入って日本軍の記録的な大敗となる「マリアナ沖海戦」があるが、

これはアメリカ側がマリアナ諸島を占領しようとの目的で出撃し、防ごうとした日本軍との交戦である。アメリカ側の、占領できるとの目論見に対して、日本としても撃退できると目算があって発生した海戦なのだ。なお、こちらの場合、日本軍は偵察機でアメリカ機動部隊の動きを察知していた。

意外かもしれないが、片方が戦闘を忌避(きひ)すれば、海戦は起こらないのである。

§食餌倍増をどうしのぐ?

いずれにせよエニウェトク環礁への出撃によりトラック島備蓄の燃料は激減し、あと半年で空(から)になると算出された。

十二月十二日、大和は空母翔鶴、駆逐艦秋雲(あきぐも)、風雲(かざぐも)、谷風(たにかぜ)、山雲(やまぐも)とともに横須賀に回航、艦に燃料、食糧、兵員を搭載して南洋に輸送する「戊(ぼ)一号作戦」に従事する。前出の種村二良氏も輸送作戦のときを覚えており、「甲板からありとあらゆるところにトラックやらなにやらくくりつけて、その隙間にドラム缶や、石油缶が置いてある。艦内も通路に米袋を積み上げて、その上を歩くような状態でした。途中嵐にあって、露天甲板の石油缶が壊れるという事故が起きて『上に出るな』という命令が出るくらいの荒れかただったのですが、〝フネ〟そのものは少しがぶるぐらいでほとんど揺れませんでした」

この頃、すでに連合艦隊司令部は武蔵に移っており、また、輸送作戦で燃料が流出した、というのも武蔵で報告されている。このときの種村氏の経験談は大和のものではないと思われるが、大和型戦艦の安定性を示すエピソードである。

「戊号作戦」は軍艦による輸送作戦でこの後、四号作戦まで実施されている。

もっとも、本書で取り上げたいのは、託送された陸軍兵員、独立混成第二連隊二千八百九十四名の食餌（しょくじ）である。

第一次改装後の大和の乗員はおよそ二千五百名とされている。便乗者とあわせると五千名を超える。寝起きする場所は通路や、それこそ弾薬庫にハンモックを吊れば、なんとかなる。大和では折り畳みベッド使用が前提であったが、託送兵員のためにハンモックは用意できるだろうし、ハンモックを吊るフックは各室にある。坊の岬沖海戦の大和では負傷者が多く、病室の前にハンモックを吊るして負傷者用とした、とされている。潜水艦などでは魚雷の上に毛布を敷いて寝た、という。陸軍兵は床で寝るのも苦にしないだろう。とりあえず寝起きする場所はどうにかなる。

しかし、食餌が大問題である。

陸軍が自炊したというのは、まずあり得ない。陸軍は飯盒炊爨（はんごうすいさん）の訓練も行っていたが、艦内でたき火をするわけにもいかない。陸軍が自前の保存食で食いつないでいく方法もあるが、缶詰か、乾燥食程度である。主食は乾パンということになるが、将来的に本格的な食糧不足が考えられる。乾パンは備蓄に回すべきである。

陸軍が手を貸して、海軍の烹炊（ほうすい）所を手伝ったというのはありそうだ。陸軍にも食餌担当者はおり、飯炊きの指導係もいた。混成連隊と名付けられているからには輜重隊（補給部隊）もいたはずだ。また、陸軍でも内地の基地ではわざわざボイラーを利用して蒸気釜で米を炊いている。蒸気釜のメーカーは三社ほどあるが、いずれも陸海軍に納入しており、使い勝手は陸軍海軍で大差ない。

　だが、どうしても炊事器具が足りない。

　大和の持つ兵食用の蒸気釜は六基とも八基とも諸説あるが、最大に見込んで、一基五百五十人分としても、六基で三千三百人分。八基だとしても四千四百人分しか炊けない。とてもではないが五千人には届かない。しかも、味噌汁おかずなしである。

　食器はなんとかなる。陸軍は戦時に備えて飯盒を各兵員に支給しており、これは米を炊くだけでなく、茶碗がわりの容器としても使用したからだ。個人向けの食糧供給は飯盒でなんとかなる。

　握り飯や、弁当にすればいいのではないか、との意見もありそうだが、どちらも不可能である。握り飯作りは重労働であり、仮に可能だったとしても、炊飯釜のキャパシティ不足は解決できない。

　士官用烹炊所を動員しても、司令部が乗っている状態で百人分を受け持つ。余裕を見て二百人分作るとしても、やはり足りない。

　考えられる方法は唯一、一日六食の烹炊である。烹炊員四直のうち、三直と四直は倉庫の整理や、掃除食器の準備をしている。これらを炊飯にあてる。米を炊くだけであれば、電動洗米機を使って米を研(と)いでおけば、二時間もあればなんとかなる。夜は午後五時に夕食が終わると、朝の三時に始まる朝飯作りまで烹炊所は無人である。

そこで時間をずらし、夜、海軍の夕食が終わると、陸軍向けの陸軍の晩飯を作る。七時頃には炊きあがる。決して遅すぎる時間ではない。

真夜中、海軍の朝食作りが始まる前に、陸軍向けの飯を炊く。これらを三時前に兵員の飯盒に詰めていけばどうにか間に合う。幸いにして大和には食品保温棚があり、作り置きでも温かい飯が食える。

十二月二十日横須賀発、十二月二十五日トラック着。陸軍兵は迎えの大発（大発動艇。陸軍の使用する上陸用小型艇。乗員七十名）に乗り移って大和を後にした。陸軍将兵にとっても、大和烹炊員にとっても、さぞや長い五日間だったろう。

作戦は完遂したものの、トラック入港時、大事件が起きる。

トラック泊地に入る前、同行する艦から「油漏れあり」の信号が届く。第三主砲塔下部で浸水が認められ、火薬庫に水が入り、第三主砲塔は一時的に使用不可能になった。

兵と物資を降ろし、工作艦明石(あかし)の潜水艇が調査したところ、喫水線(きっすいせん)下に高さ五メートル、長さ二十五メートルの大穴が開いているのが発見されたのである。大和はトラック島西方百八十浬の海域でアメリカ潜水艦「スケート」の発した魚雷を受けていた。にもかかわらず、誰も気がつかなかったのである。大和側の見張りの悪さと見るか、アメリカ側の巧妙さとするか議論はあるが、どちらにしろドックを持たないトラック島では修理できない。

§三千人用の厨房に大改装

昭和十九年（一九四四）一月十日、応急修理で穴を塞ぎ、わずかな滞在で大和はトラックを出港、十六日に呉軍港に到着する。

だが、この被雷は大和にとって幸運だったのかもしれない。

大和が呉に到着して約一ヶ月後、アメリカ機動部隊がトラック島に対して大規模な空襲を行ったのである。参加した米空母は大型、中型のものあわせて九隻。攻撃は二日にわたり、延べ一千機が襲来した。日本側の被害は、航空機二百七十機、倉庫、燃料タンクにおよんだ。攻撃終了後、被害を調査した海軍担当者は「ここはすでに基地ではない。廃墟だ」と嘆き、アメリカ軍報道は「真珠湾に対する回答である」と宣言した。

実際、以後トラック島は遺棄されたも同然で、トラックから補給を受けていたラバウル基地、エニウェトク環礁は無力化された。海軍丁事件とも呼ばれる。

船舶艦艇沈没二十一万トン。もし、大和がトラック島に残っていれば、沈没艦艇に名を連ねていた恐れもあった。

被害こそ受けなかったが、大和も影響を受けた。トラック島が使えなくなったため、以後、南方での活動拠点をタウイタウイ泊地、リンガ泊地と転々とする。

トラック奇襲はいわゆるアメリカ海軍の「飛び石作戦」の始まりである。アメリカ海軍では日本軍の重要拠点であるラバウル基地や、トラック島には攻撃は加えるものの上陸はせず、途中の島々を占領して各拠点は潜水艦で輸送を遮断して「枯れ」させ、マリアナ諸島、沖縄を経て内地を攻撃する作戦を持っていた。

一方、アメリカ陸軍では主にマッカーサーの発案でフィリピンを奪回し、台湾、沖縄から内地に向かう「カートホィール」作戦を立案していた。

いつの時代、どこの国でも陸軍と海軍は仲が悪いと相場は決まっており、日本では後に連合艦隊司令長官を経て海軍軍令部総長となる豊田副武中将も陸軍をクソミソにけなしている。クソミソというのは比喩ではなく、堂々と陸軍を「馬グソ」と罵っているのである。

アメリカでも太平洋艦隊司令長官アーネスト・キングと、陸軍ダグラス・マッカーサーが犬猿の仲で太平洋戦線の指揮権をめぐって権力争いに精を出していた。当然、「飛び石作戦」で行くか、「カートホィール」を取るかも大論争となる。しかし、不思議なことにキング配下のハルゼーがマッカーサーと馬が合い、調停役としてハルゼーを交渉に当たらせると両作戦を折衷させる形で計画をまとめてしまった。

当然、別の見方もあってアメリカには両作戦を同時に実行させる能力があったというものである。昭和十九年時点、アメリカはヨーロッパ戦線でノルマンディー上陸作戦を計画しており、二方面作戦どころか三方面作戦の能力があったことになる（もっとも、大西洋方面での枢軸海軍の勢力はお寒い限りで、イギリス海軍のみで海上戦力は確保できた）。

陸海軍の不仲はいまだに世界中で続いているが、なにごとにも例外があって、日本の自衛隊である。各国陸海軍は士官、将校を独自の兵学校で養成しているが、自衛隊の場合、防衛大学校出身者が幹部自衛官の大半を占めている。幹部自衛官は陸海空三隊に同期生がおり、極端な場合、幕僚長（司令長官）同士が同期生である。陸海空の連携はきわめて優れている。

呉で大和は修理と第二次改装を受ける。被雷による浸水は大きく、三千から四千トンと見られた。実に駆逐艦一隻から二隻の重量である。これはかなりの大問題とされた。最新鋭の戦艦が、魚雷一発で大量の浸水を見たのである。

改装実施要綱は次のように決定された。

水密隔壁を追加。

副砲部に装甲を追加すると同時に、両舷副砲を撤去。高角砲六基を増設。高角砲は十二基になる。

その他指定の場所に三連装二十五ミリ高角機銃増設。指定の場所というが事実上置ける場所すべてである。両舷露天甲板どころか、主砲塔上にも設置される。かつて艦上をトラックが走ったという露天甲板は対空機銃に埋め尽くされる。新造時、八基しかなかったのが、次の改装では五十二基に増設される。六倍増である。

その代わり、定数七機だった偵察機は二機に削減され、空いたスペースを砲術員用の居住区とした。

ここで疑問なのが烹炊所の改装である。第1章でも述べたように大和は本来、二千三百人乗りの戦艦として設計された。炊飯用の蒸気釜も二千三百人分を前提として設置されている。第一次改装で定員二千五百人と若干増えているが、二百人であれば便乗者が少々増えた程度の対応で済むかもしれない。だが、この第二次改装では三千人に達する。

§炊飯釜増設、スペース確保に四苦八苦

三連装二十五ミリ高角機銃は旋回手、俯仰手、射手、三挺ある銃一つにつき一人の給弾手、弾運びなど含めると最低でも十一人の要員が要る。これが四十四基増えると、自動的に乗員も四百八十四人増える。

一つの釜で炊く量を多く見積もっても全員に食餌を供給できない。副食も同様である。完成時から比べると七百人から増えているのである。どうしても炊飯釜を二つ増設する必要がある。大和の第二次改装はかなり大きな改装であったため、武装についての記録は多く残されている。だが、烹炊所をどうしたのか記述はまったく見当たらず、推測に頼る以外、方法がない。

海軍では炊飯に蒸気釜の他、重油釜、石炭釜、電気釜を使用していたが、蒸気釜以外の炊飯器を増設する可能性はない。いずれもサイズが小さく炊飯容量が不足するからである。

蒸気釜を増設するにしても、果たして烹炊所にそのスペースがあったのか、きわめて疑問である。なにしろ風呂ほどの大きさがある釜である。洗い場、調菜所に設置するにしてももともとのスペースが圧迫される。人員増大で、洗い場も、調菜所も手狭になっているのだ。

しかも、スチームパイプを引くための工事が必要になる。機関室からパイプを引っ張ってくるとしたらデッキの間に余計な穴を開けなければならず、好ましくない。

もし増設の可能性があるとしたら、第一に病人食用の二斗釜を六斗釜に換装することである。しかし、これもどこかで粥を炊かなければならない。推測だが、士官用烹炊所に押しやられたのかもしれない。

第二の可能性が士官用烹炊所を改装して、六斗釜を設置する方法である。

大和の図面がいくつも残っており、右舷下士官兵用烹炊所の場所や配置はほとんど変化がないが、士官用烹炊所では微細な差がある。

おおまかに分けて「一般士官用烹炊所」「司令部用烹炊所」「長官用」「艦長用」などに分かれているが、図面によって配置が違うのである。写真が残っていればかなりの事実がわかるのであるが、大和そのものも写真がきわめて少ない。

いずれにせよ、当初、連合艦隊司令部として司令部員が百人以上乗り込んでいたが、すでに連合艦隊司令部は武蔵に移って久しい。さらに、第二次改装の頃、すでに連合艦隊司令部は武蔵から軽巡洋艦大淀に移る計画があり、かつてのように大規模な司令部が乗り込んでくる可能性はない。戦艦部隊の旗艦となる可能性はあるが、少なくとも昭和十九年三月の時点で司令部用烹炊所は完全なデッドスペースである。

士官用烹炊所に炊飯用スチーム釜がどれほどあったか不明だが、それこそ「艦長用」と「司令用」の飯を別々に炊く必要はない。士官烹炊所全体の面積は、下士官兵用烹炊所よりは若干狭い程度であるが、もともと炊飯量は一桁ほど小さい。ある程度の規模の炊飯釜はあっただろうし、あらたにもう一つ二つ炊飯釜を置くスペースは確保できそうである。

副食は従来通り、副食用の六斗釜で間に合う。副食に肉を使う場合、一人前百グラムだから、三千人分で三百キログラム。かなりの量ではあるが、米を炊く場合、一人分七百グラムを処理するのだから、米よりははるかに少ない。同サイズの六斗釜だと、二割ほどの増量で一釜あたりの容量はなんとか確保できる。

いずれにせよ、第二次改装では兵員の増員に答えて、烹炊所では少なくとも二基の六斗釜を追加したと考えるべきだろう。

第9章 マリアナ沖海戦と握り飯

§効き始めた米軍の〝飛び石作戦〟

昭和十九年（一九四四）三月、トラック島に続いて三月三十日と三十一日、パラオ泊地もアメリカ機動部隊の攻撃を受ける。トラック島を放棄した連合艦隊が代替地としたのがパラオである。

パラオ空襲の最中、三十一日、飛行艇でフィリピン、ダバオに移動途上にあった連合艦隊司令長官古賀峯一（こがみねいち）が遭難、死亡する。古賀の目的は司令部の移動であったとされるが、海軍では「敵前逃亡の意図があった」と判断して戦死ではなく、殉職（じゅんしょく）と認定した。このときに重要書類が米軍の手に渡ったとする説が有力である（海軍乙（おつ）事件）。

古賀の死を受けて連合艦隊司令長官に豊田副武中将が就任する。豊田は旗艦を軽巡洋艦大淀に移す。戦艦や空母は艦のサイズも大きく、司令部が乗り込むには好適であった。しかし、大型艦はそれ自体が有力な戦力である。司令部が乗り込むことによって戦闘に影響が出るとまずい。旗艦に必要なのは意志決定能力と、情報解析、伝達である。艦として最も重要な機能は通信機能になる。そこで巡洋艦に一定の改装を施して旗艦として使用する発想が出てくる。巡洋艦であれば戦場に出ても比較的、攻撃目標になりづらい。また、大淀の場合、防空能力を強化しており、いまや海戦の主役となった航空機を単艦で撃退可能とされた。

同様の発想はアメリカ海軍にもあり、ハルゼーと並び、空母機動部隊の主要な指揮官とされたレイモンド・スプルーアンスは重巡洋艦インディアナポリスを旗艦として使用した。さらにアメリカでは上陸作戦指揮用の揚陸（ようりく）指揮艦ブルーリッジを完成させる。揚陸指揮艦の存在は太平洋戦争中、最高機密とされ、その存在が明かされたのは戦後である。「ブルーリッジ」の名前は継承され、現在、米第七艦隊旗艦である。

一方、最上級司令部は戦場に出る必要がない、との発想も生まれてきて、豊田司令長官はさらに司令部を陸上に移す。アメリカでも太平洋艦隊司令長官キング提督は終始、真珠湾から指示を発していた。

もちろん、すべてがすべて陸上や中型艦で済むわけではなく、沖縄作戦の際、スプルーアンスも戦艦を使用したし、配下で航空隊を指揮したミッチャーは空母を乗艦とした。

第一次大戦頃までは指揮官は最前線にいて自分の目で戦況を見極める必要があり、かつ先頭で戦うとの意識が強かったが、第二次大戦では通信機器の発達により、後方からでも指揮が可能になる過渡期にあったといえよう。

連合艦隊は南方の根拠地をシンガポール近くのリンガ泊地に移動する。リンガはインドネシアの産油地帯にも近く、燃料重油、航空機用軽質油の補給が容易であったためである。

四月半ばまで大和は国内で第二次改装後の公試（こうし）と訓練を行い、十七日には南方に輸送する物資、兵員を積み込みはじめる。物資機材二千トン、便乗兵員は千六百名に上った。マニラ経由で五月一日、リンガ泊地に到着する。この頃、副長兼砲術長として能村次郎大佐が着任し、さらに武蔵とともに戦艦を主軸とする第一戦隊に編入され、司令として宇垣纏中将がやって来る。

太平洋戦争開戦前夜、宇垣は戦艦を主力とすべきだとする派閥に属し、航空派の山本に疎まれながらも参謀長として真珠湾作戦、ミッドウェー作戦を検討した。山本長官戦死の際には宇垣も別の機体ながら同行して、襲撃に遭遇、負傷した。長期の入院加療の後、第一戦隊に配属されたのである。

宇垣は大戦前から日記『戦藻録』に緻密な記録を残し、現代でも第一級の一次資料とされている。そこに大和に将旗を移した宇垣の言葉が残っている。

「本艦ではミッドウェーを戦い、ソロモン以来の着任となる。高角砲、機銃を増補した。もはや敵機は恐るるにたらない。かつて山本元帥の使われた公室で起臥するのは身に余る光栄である。本艦を持って死に場所とし、ただただ使命達成に邁進する」

リンガ泊地での生活は厳しかったとも、楽であったとも双方が伝えられている。

厳しいとは、天候である。南方といえども、トラック島では多少なりともオーストラリア側に近いため気温が低い。しかし、リンガでは赤道に近く日中は四十℃に迫る気温になる。鋼鉄の〝フネ〟は熱を帯び、夜間になっても艦内温度が下がらない。大和に冷房はあったものの、全艦に行き渡るほどではない。酷暑の中での訓練、作業は困難であり、夜になっても暑さで眠

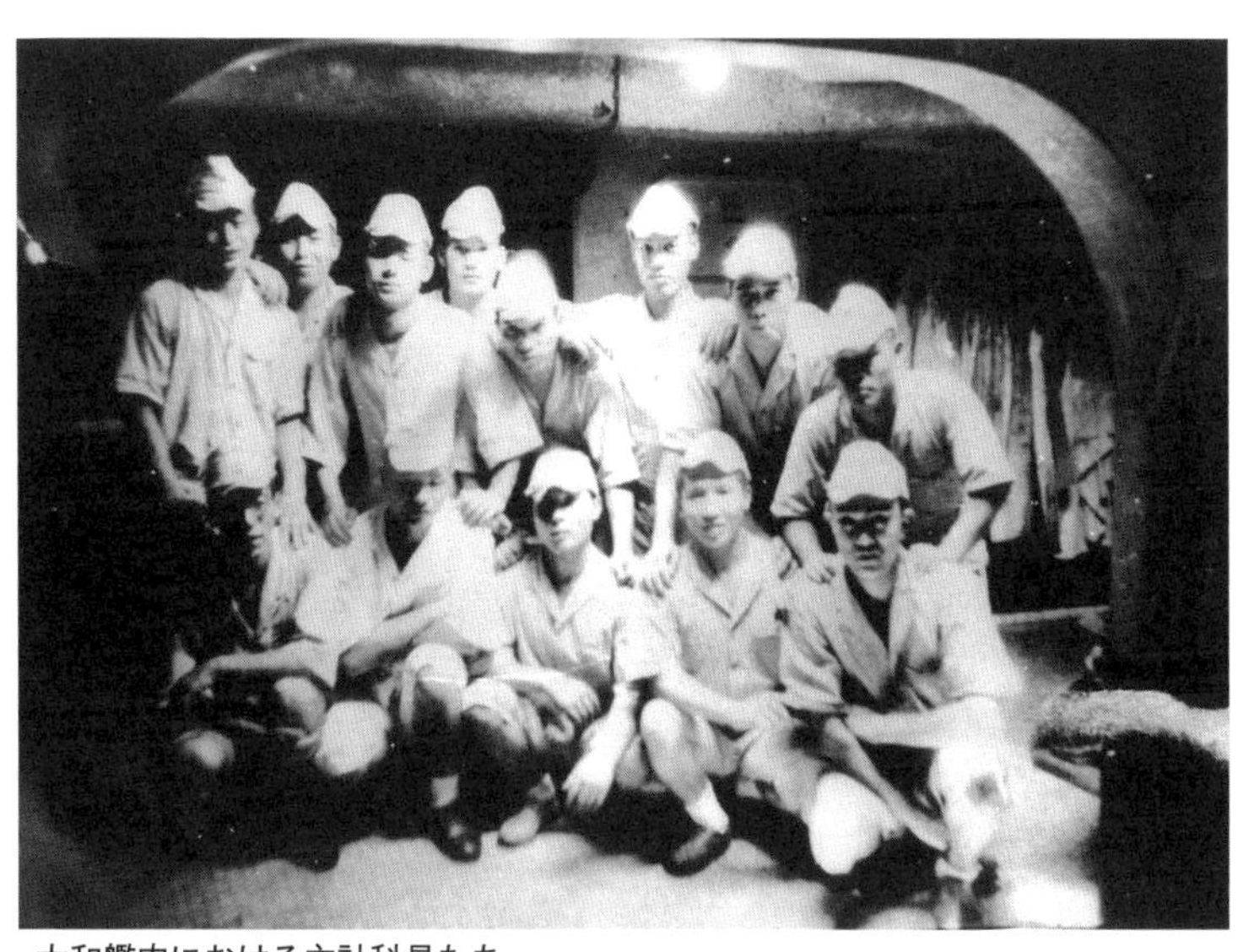

大和艦内における主計科員たち

れない。

負担が少なかったとする説はリンガが都会であったことに由来する。最寄りの陸地はシンガポールである。シンガポールは一八一九年イギリス人が上陸し、東インド会社交易の自由港として発展してきた。イギリスから中国に渡る交易船は必ずシンガポールに寄港し、また、マレー半島、インドネシアで産出される香辛料、鉱物資源もシンガポールを経由してヨーロッパへ送られた。また、マレー鉄道の終着点である。朝鮮半島からなら、鉄道輸送も可能な利便な地である。第一次大戦ではイギリスの軍港として利用され、日本軍が攻略するまで極東艦隊の根拠地であった。つまりシンガポールは大都会であり、リンガから船で半日もあれば到達できる。

シンガポールそのものの治安もきわめて

安定していて、陸軍守備隊兵士が深夜まで飲み続け、前後不覚になるほど酔っても、反日勢力に襲われることもなく平然と過ごしていた。

下士官兵がおいそれと上陸できるほどの近距離ではなかったが、シンガポールに上陸できれば内地と同等か、それ以上の娯楽があった。かつ、マレー半島産の新鮮な食品が確保できた。なおかつ、内地と同じタイミングで新作の映画が艦隊に届けられ、日が暮れると後甲板にスクリーンを張って上映会が開かれた。

五月十四日、大和はタウイタウイ泊地に投錨。十六日には内地から武蔵をはじめとして、隼鷹、飛鷹など航空戦隊も到着、大和と合流する。

大和はニューギニア、西側ビアク島に上陸した米軍を排除する「渾作戦」支援に従事すると決定する。ビアク島が陥落すれば南方の要衝、ラバウルが危うくなる。一方、海軍の一部ではアメリカ側の飛び石作戦を意識して、ビアク島を放棄して、より後方の「絶対防衛圏」を確保すべきだとする意見も強く、こちらを根拠に太平洋上でアメリカ艦隊を迎撃する「あ号作戦」が計画されていた。

太平洋戦争は現実的な戦争ばかりでなく、情報戦でもあった。日本では「アメリカ人は奥目がちで視界が狭く、パイロットには向かない」、ドイツでは「人種には優等人種と劣等人種がある」のような情報を流布して、敵国の威勢を削ぐとともに、自国の士気を高めていた。

「神国日本」などという言葉は今でも通用するようだが、忘れられかけている日本の宣伝に

「千年、敗北を知らない軍隊」というものがある。一二七四年、一二八一年の元寇をはじめとして、日清、日露戦争にいたるまで、日本は〝国〟として負けたことはない。明治維新前後で各藩が外国と戦争したケースはあるが、日本の正規軍が明白に敗北した戦争はないのだ。実際、この宣伝はかなり効いたようで、いまだに日本というとサムライ、ハラキリの印象が残るところから、七十年前ではさらに強力な印象を植え付けただろう。

さらに驚くべき事実がある。国家はドクトリンと呼ばれる一定の戦略構想を情勢に応じて構築し、その中で戦力を整備する。たとえば冷戦時代のアメリカは世界の警察を任じてヨーロッパ、太平洋方面の二方面作戦をとれる態勢を整えた。

一方、日本は元寇以来、現代に至るまで「海上兵力による近海での洋上決戦」に固定されており、ぶれがない。

元寇の場合、襲来するモンゴル軍を近海、ないしは沿岸で迎え撃った。朝鮮半島にモンゴル軍の拠点があるとわかっていても手は出さない。日清戦争はもともと日本海から中国沿岸が戦場だったとしても、日露戦争ではバルチック艦隊を日本海で防いでいる。現代の自衛隊も「専守防衛」が基本である。

太平洋戦争では、真珠湾攻撃をはじめとして一連の戦いが例外的であったが、海軍戦力自体は近海防衛を目的として整備、兵員も教育されていた。

このような意味合いからすると、戦略上の拠点でありながら遠隔地に位置するビアク島をまもる「渾作戦」より、出現する敵艦隊を絶対防衛圏で排除する「あ号作戦」のほうが日本らしい作戦だといえよう。結局のところ、ビアク島にアメリカ軍が現れることはなく、飛び石作戦により枯らされてしまう。

「飛び石作戦」は効いた。もともと日本国内でも食糧、燃料不足であったため、太平洋上の基地にはこれらの輸送が不可欠であった。アメリカ軍は輸送船を叩いて南方の基地との連絡を遮(しゃ)断(だん)した。

平成二十七年（二〇一五）に亡くなったマンガ家の水木(みずき)しげる氏が取り残されたのはラバウルであった。ガダルカナル攻略の前進基地であり、太平洋戦争初期はラバウル航空隊で知られるように一大航空基地であった。しかし、後方補給基地であるトラック島が徹底的に破壊されるとラバウルは「枯れた」。いかに悲惨であったかは水木氏の著作を当たるべきだろう。

§手榴弾で魚をつかまえる

同じようにトラック島も枯れた。航空整備員であった瀧本邦慶氏にトラック島でのお話を伺ったことがある。瀧本氏は機雷敷設艦八重山で砲術員として勤務した後、試験を受けて航空整備員に転科。空母飛龍でハワイ作戦に参加し、ミッドウェー作戦後、整備学校高等科に進み昭和十九年一月末、教育係の二等兵曹としてトラック島に配置された。到着間もなく、トラック空襲で取り残され終戦まで過ごした。

「まず、補給がない。サツマイモの種芋(たねいも)が配給されたので、これで芋畑を作った。生育が早いので助かったが、それでも足りない。だから、他の部隊の芋畑に盗みに行く奴がいる。盗(と)られるほうも自分たちの命がかかっているから、すぐに撃ち殺してしまう。盗むほうも、盗まれる側も命がけ。木や、草の芽を摘んで食べるのもやるがこれも命がけだった。たまに毒があるのがあって、これでやられる。一人倒れると見本を皆で見せ合って食べないようにする」

手榴弾(てりゅうだん)で魚を捕ったという話を聞くが、そのようなことはしなかったのかも伺ってみた。

ダイナマイト漁、爆発漁法、発破(はっぱ)漁とも呼ぶ。爆発物を海中に投げ込み、衝撃波で気絶したり、死んで浮かんでくる魚を捕る方法である。魚以外のサンゴや、魚貝を殺し生態系を破壊するため、日本をはじめ多くの国で禁止されている。

「似たようなことはやったよ。手榴弾はなかったので、六十キロ爆弾をくすねてくる。それを分解してやると黄色い爆薬が見えてくる。爆薬を削り取ってサイダーの瓶や空き缶に詰め込んで、手投げ弾を作るわけだ。それに導火線をつけて魚のいるところまで入っていく。サンゴ礁だから、海岸近くは浅くても、ある程度進むと急に深くなる。そのあたりまで進んで火をつけて投げ込む。マッチなどないから、火縄を作って、樽の内側に巻いて、水に浮かぶようにして引っ張っていく」

事故はなかったのだろうか?

発破漁で、人間が水に浸(つ)かるほどの深さに入っていくと、爆破の衝撃で人間が倒れるのも珍しくない。

「もちろんある。導火線に火をつけて煙が出ても、やはり火縄からも煙が上がっているから、どっちの煙かわからない。火がついたかどうか見ている間にやっぱり手投げ弾に火がついていて持ったまま爆発する。そうなるともう蜂の巣みたいになる。十人ぐらいやられた」

それでも食べるためにしたのだろうか。

「魚を拾うために海に入らなければならない。浮く奴や、沈むのもいる。これを捕るために水に浸かると、魚を捕って食べるカロリーより、消費するカロリーのほうが多くなる。だから次第にやらなくなった」

ボートを使うようなことはなかったのだろうか。

「ボートというか、カッターが一艘（そう）だけあった。私たちは使わなかった。その代わり上の人たちから『漁労長』が任命されて、スチールワイヤーを使った仕掛けで釣りに行ったが、捕れるのはせいぜいサメぐらいだ。海水で煮て食った、サメなんざ腹にたまるものじゃなし、旨（うま）くもない。毎日捕れるわけでもなし、兵隊はどんどん死んでいく。こうなると毎日毎日変化はない。明日死ぬのは誰だろうか、おれの順番はいつ回ってくるんだろうか、そんなことしか考えなくなって、頭がおかしくなってくる」

瀧本氏はトラック島、楓島（かえでじま）で終戦まで過ごす。突然やって来てなされなかった異動命令や、B29による空襲、敗戦と帰国の話題など、きわめて興味深いのだが、食糧事情とも、「飛び石作戦」とも離れるので話を戻す。

六月十日、渾作戦のため大和と武蔵よりなる第一戦隊、第五戦隊、第二水雷戦隊、第十六戦隊が出港した。

しかし、翌十一日、マリアナ諸島東方にアメリカ機動部隊が出現。グアム、サイパン、テニアンが攻撃を受ける。十三日になって「あ号作戦用意」が発せられ、続いて「渾作戦を中止、機動部隊よりの増援兵力は原隊へ復帰せよ」が伝えられる。

六月十五日、アメリカ軍がマリアナ諸島、サイパン島に上陸を開始した。

海軍では、絶対防衛圏の死守を目的として、「あ号作戦発動」が発令された。

いわゆる「マリアナ沖海戦」、アメリカ側では「フィリピン海海戦」と呼ばれる戦いが交わされようとしていた。

海戦は敵味方双方が、ある目的を持って、戦闘を交わす意志を固めないと発生しない。

マリアナ沖海戦の発生理由は、アメリカとしては「飛び石作戦の一環としてマリアナを占領しB29による日本本土攻撃の足がかりとする」であった。

アメリカ陸軍はマリアナ上陸を開始しており、米海軍としては陸軍を支援すると同時に救援物資、兵員を乗せた輸送船を安全に到達させなければならない。

日本軍としては、日本本土に間近いマリアナを奪取されると、本土に攻撃を受ける恐れがある。そこでマリアナの陸上基地に大量の迎撃機を配備して敵機を排除し、機動部隊は敵艦隊の主力となる「空母機動部隊」を叩くことを目的としていた。ここで両者の意志がはからずも一致して海戦になだれ込んでいく。

B29の日本本土初爆撃は奇しくもマリアナ沖海戦と同時期、昭和十九年六月十六日、北九州八幡製鉄所の爆撃である。出撃地は中国大陸の成都であり、アメリカから直接燃料弾薬を運び込むわけにはいかない。イギリス経由で、しかも標高八千メートルのヒマラヤを飛び越える必要がある。これほどの高度に上がれる輸送機もない。

仕方なしにB29の爆弾槽にガソリンを搭載、ヨーロッパ経由で何往復もして、資材を備蓄してやっと実施された。

日本側でも、昭和十七年（一九四二）のドーリットル空襲以来、国内の防空体制を強化していた。

陸軍ではドーリットル空襲を機に、マレー半島に展開していた二式単座戦闘機鍾馗を全機国内に呼び戻した上、ラバウル攻防戦での戦訓を活かして大型爆撃機を攻撃する「斜め銃」を装備した二式複座戦闘機屠龍を夜間戦闘機として訓練を続けていた。

次に空襲を受けるとなるとドーリットル空襲のような小規模な空襲ではすまない、と判断していたのである。

実際、成都を出撃したB29は六十八機。ドーリットル空襲では中型のB25が十六機だったのと比べると、機数で四倍以上。機体もアメリカ側の分類で「超重爆撃機」に類されるB29である。日本が予測したように「比較にならない大規模」である。

しかし、B29の初出撃はどのような観点からしても大失敗であった。出撃した六十八機中、機体不調で二十一機が引き返し、日本上空に達したものは四十七機。

陸軍の夜間戦闘機の迎撃を受けて、爆弾を捨てて逃げ帰るもの多数。七機が撃墜され、かろうじて投弾したのは一機。当然のごとく外れている。何ヶ月もかけてもこの有様ではせっかく作ったB29もなんの役にも立たない。B29は発注時の価格で計算すると一機千二百万ドルもする高価な機体である。一回の出撃で十%もの損害を出していてはいかにアメリカの戦費が潤沢(じゅんたく)でもたまらない。成都からの出撃は一回で中止された。

すでにヨーロッパではB17爆撃機、アブロランカスター爆撃機などにより、爆撃機の一千機態勢が整い、ドイツ攻撃を日常化させていた（ノルマンディー上陸は一九四四年六月六日）。日本に対しても同等の攻撃を加える必要がある、と連合国側では判断していた。その攻撃拠点としてマリアナを必要としたのである。

「あ号作戦」のため、日本では完成したばかりの最新鋭空母大鳳、正規空母翔鶴、瑞鶴を第一機動艦隊の甲部隊として編成。乙部隊に空母隼鷹、飛鷹、龍鳳、戦艦長門が護衛についた。

前衛部隊として大和は武蔵とともに第二艦隊第一戦隊として活動していた。前衛部隊には小型空母瑞鳳、千歳(ちとせ)、千代田(ちよだ)、戦艦金剛、榛名、巡洋艦多数が護衛についた。

大和と武蔵の二隻も今度は前衛部隊のさらに前方に突出し、触角のように艦隊の前方に位置し、敵空母を追い求め、肉薄して砲撃の雨を浴びせる予定だった。

マリアナ沖海戦初日、六月十九日。日本軍航空隊は六次にわたって攻撃隊を繰り出した。攻撃隊は二時間から三時間飛行して、アメリカ機動部隊に到達した。いわゆる小沢治三郎の「アウトレンジ戦法」である。日本機と、米軍機では日本機のほうが航続力が長い。そこで敵機の攻撃範囲外から航空隊を発進させれば、味方の艦隊は被害を受けない、との発想であった。事実、アメリカ軍は日本艦隊を発見できず、攻撃をあきらめ、防衛に専念した。

この日、機動部隊は敵機の攻撃こそ受けなかったものの、攻撃は大失敗であった。日本軍の技量は低下し、航空機の性能もかなわない。数も日本側が全部で五百機をそろえたが、アメリカ側では大型の正規空母七隻、軽空母八隻に航空隊一千機を搭載して迎え撃ったのである。六次にわたって攻撃隊を発進させたが、途中進路を誤って敵にも到達できず、未帰還となった機体多数。傷ついた機体も母艦までの距離も遠く帰り着くのは困難である。

かろうじてアメリカ機動部隊を発見した攻撃隊も多数の戦闘機に追いかけ回され、「マリアナ沖の七面鳥撃ち」と呼ばれる大敗を喫する。

敵は空からやってきただけではない。八時十分、空母大鳳が潜水艦アルバコアの魚雷を受けて小破。戦闘に支障はなかった。十四時一分、今度は空母翔鶴が潜水艦カヴァラの魚雷四本を受け沈没。十四時三十分頃、大鳳は被雷の衝撃で漏（も）れ出したガソリンに引火、爆発。十六時二十八分に沈没してしまう。

翌六月二十日。午後遅くになってアメリカ機動部隊は日本艦隊を発見する。時刻も遅く、距離も遠いが、二百十六機の攻撃隊を発進させる。この攻撃で空母飛鷹沈没。隼鷹、千代田損傷。

日本側もかろうじて攻撃隊七機を発進させるが、全機損失に終わっている。

§一万二百個の握り飯

このとき大和はなにをしていたのか？

予定通り、空母部隊を離れて敵の姿を追い求めていたのである。しかし、大和の動きもまた、偵察機により敵に知られている。二十七ノットと高速ではあるが三十ノットを超える空母に砲撃戦を挑むほど間合いを詰められない。

かろうじて、頭上を通過する敵機に向かって主砲を発射。三式弾という、発射すると空中で爆発して無数の弾子をばらまく散弾のような砲弾を打ち上げた。しかし、命中、撃墜の確認はできなかった。

マリアナ沖海戦について語られるべき内容は多い。

しかし、大和の戦闘内容に関していうなら、出撃して主砲をはじめて撃って、帰った。それだけである。

この海戦において多忙を極めたセクションがある。烹炊(ほうすい)所である。実戦が予測されると「戦闘配食用意」が発令され、戦闘配食を用意しなければならない。

戦闘配食とはつまり「握り飯」である。

混ぜ飯にする、あるいは具を握り込む、銀シャリに漬け物を付ける、などあったが、握り飯は麦飯ではない。麦飯は握り飯にすると、まとまりが悪い上に、麦の保存性が悪く傷(いた)みやすいためである。

一食二合分の飯を三つに分け、人数分、手で握る。戦艦大和の場合、乗員三千四百名である。一万二百個の握り飯を手で握るのである。戦闘となると、下士官も兵もない。全員が握り飯となる。一万あまりを手で握り、竹皮で包み、いつもは麦飯や味噌汁を運んでいる食缶に人数分詰めていく。

握り飯作りは主計科総出である。経理に所属している下士官や、士官食を担当している兵も飯を握る。米は炊きたてで熱く、消毒して海水に浸(つ)けた軍手をして握った。熱さが染み通り、低温火傷(やけど)で手のひらが赤くやけた。

もっと楽に早く終わらせる方法はないかと、竹筒の片方から飯を詰め、出てきた側を包丁で切るという試みもなされたが、結局、手で握ったほうが早いとして廃(すた)れた。武蔵では一定のサイズに握った飯を木の板で転がして丸く成型するという方法が取られたというが、ごく一部での試みである。結局は手で握るのが主流であった。

主計科経理、衣糧担当あわせて百人としても、一人で握り飯を百個握らないとこの「戦争」は終わらない。もし、主計科が「できません」と手を上げたら、艦の全員が飢える。腹を空かせたまま砲を撃ち、弾を運ばなければならない。

主計科烹炊員の戦闘配置は「高角機銃弾の弾丸運搬」とされていたが、実際の戦闘となればそんな余裕はなかっただろう。全烹炊員の四分の一が飯を炊き、四分の一が釜を洗っている間、他の烹炊員、主計科員総出で握らないと間に合わない。

戦闘給食の等級は五クラスに分かれ、緊張度が緩い場合「第一戦闘烹炊」で「各班ごとに烹炊所で配食を受け取る」という「第一戦闘配食」が行われる。

この場合、いつもは通常の配食を摂っている居住区の机で握り飯を齧ることになる。居住区は持ち場に隣接していて、烹炊員であれば烹炊所近く、各砲の担当者であれば砲の傍に住処がある。必要事態が発生すればすぐに駆け付けることができる。究極の職住近接である。

「第二戦闘烹炊」「第二戦闘配食」には、

「総員が戦闘配置についているもののいまだ情勢が逼迫していない情況での配食方法であり、各戦闘配置ごとに配食が行われ、糧食は烹炊所で受け取る。第二戦闘配食を行う場合は烹炊所の配食器に戦闘配置名と人数を記した配食札をつけるとともに、あらかじめ配食を担当する配食係主計兵を決定しておく」

とある。

戦闘セクションから食餌を取りに来るのか、主計兵が配って歩くのかはっきりしないが、戦況は数分で変化する。この場合「各班から受け取りに来るが、来られなくなった場合は主計兵が配達する」と見るべきだろう。そのため食缶には分隊名、班名は書いてある。各戦闘配置は持ち場で握り飯を囓(かじ)ることになるだろう。

また、ここで「配食係主計兵」の言葉が出てくるのに注目したい。主計科には「衣糧」と「経理」がある。調理を担当する烹炊員の他に、衣糧担当の主計兵、経理担当の主計兵がある。どちらも事務仕事であるが、戦闘となると烹炊員と変わりなく飯作りに参加しろ、ということである。

また、主計科士官の場合、戦闘配置は「記録係」であり、主計長は艦橋に昇り、艦長の横で戦闘記録を取る。分隊士は艦橋より二段下の「司令塔」で副長の傍で記録を取る。

もっとも、第一だ、第二だ、などというより前に握り飯作りとなると、経理下士官まで動員されたという。握り飯作りはそれだけ大作業だったのである。

「第三戦闘烹炊」「第三戦闘配食」

「戦闘配置から離れることができない場合や、交戦中における配食方法であり、烹炊所の主計兵が戦闘配置へ配食を行う方法。第三戦闘配食では配食器に戦闘配置名と人数を記した配食札を明記した配食札をつけるとともに、主計兵で配食長と配給員を編成する。なお配食員は配給と同時に配食器を烹炊所に持ち帰る」

戦艦であればドンパチ撃ち合っている最中の配食方法である。

ここでも、烹炊員と経理、衣糧の区別はない。大和の場合、時期の違いもあり、具体的にどれぐらいの烹炊員が乗っていたかはっきりしないが、海軍の規定では乗員二十五人から四十人に対して烹炊員一名を配置するとの記述もある。二十五人だとしたら烹炊員一人で二十五食分の、四十人だとしたら一人で四十食を運ばなければならない。握り飯二合、二十五人分で五十合。四十人なら八十合。ほぼ、一斗に近い。しかも運ばなければならないのは握り飯ばかりではない。水分、つまり茶も必須である。

ガダルカナル島の砲撃に参加した戦艦榛名では、砲撃の際に砲塔にこもった熱のために、砲術員が熱中症で死亡している。砲塔内は排煙のため冷却された空気で加圧がかけられているにもかかわらず、冷却が間に合わなかったのである。水を運ばないと、兵員が死ぬ。

運ぶ場所も、艦首に近い第一砲塔や、砲塔そばの高角機銃もあれば、露天甲板から二十五メートル上の艦橋にも運ばなければならない。艦橋には三人乗りのエレベーターが装備されていたが、使用できるのは士官か、高角機銃弾の運び込みに限られていた。いかに艦長のために食餌を運ぶとしても主計兵はラッタルと呼ばれる階段を昇らなければならない。ちょっとした重労働である。

第四は、

「烹炊員の死傷により前掲の方法での配食が不可能な場合の配食方法であり、戦闘配置ごとに配食を行い特定の場所で喫食する方法。第四戦闘配食においても烹炊所の配食器に戦闘配置名と人数を明記した配食札をつけるとともに、主計兵で配食長と配給員を編成する。なお配食員は配給と同時に配食器を烹炊所に持ち帰る」

もはや、持ち場まで運んでいる余裕がない状態である。どこか適当な場所に握り飯をおいて、兵員が余裕のあるときに食べる。

第三でも明記されていたが、「配食員は配給と同時に配食器を烹炊所に持ち帰る」の指示も印象的である。つまり、食餌を配りに行った主計兵が帰って来たか来ないかを確認するのである。烹炊所の配食棚には、分隊と班が明記された食缶が整然と収められている。配食長はどこの持ち場に、誰が届けに行ったか把握している。もし、欠けがあれば、その主計兵が戦死したと判断できる。

第五は、

「前述の四つの方法で配食が不可能な場合の方法であり、戦闘配置ごとに適宜の場所に備え付けた容器に配食を行い、随時に喫食する方法。第五戦闘配食では乾パン・缶詰が中心となり、補充は主計科が行う」

なお、カンパンは海軍式カンパンとも呼ばれ、手のひらにのるぐらいのサイズで、固いがかすかに甘みを持ったものである。消しゴムのような陸軍式のカンパンとは食感も味もまったく別ものである。

海軍式乾パンには「乾麵麭（かんめんぽう）」と呼ばれる固く焼いた乾パンと、「ソーダビスケット」というタイプなどいくつかあったようである。なお、海軍に乾パンを卸していたメーカーは山梨県に現存しており、当時と同じものがインターネット通販で購入できる。

マリアナ沖海戦では総員配置が発せられ、主砲を発射しているところから、「第二」まで発令されたと見るべきだろう。

ただし、乱戦になるとこうした戦闘配食がうまく機能しなかった場合もあるようである。

ミッドウェー海戦時、空母飛龍で航空整備員として勤務していた瀧本邦慶氏によると、「朝から配食はなく、母艦が爆弾を受けると火災が発生して、あちらこちらに焼け焦げた死体が転がっていた。自分たちは燃えていない部分に逃れて生き延びた。もう燃えるものがなくなって、やっと鎮火した。最後に燃え残った艦橋下で艦長訓辞を聞いて脱出のため駆逐艦に移乗して、はじめて握り飯を食べた」とのことである。

ミッドウェー海戦はまだ暗いうちに日本軍攻撃隊がミッドウェー島に出撃したものの、攻撃効果不十分と判断され、第二次攻撃に手間取っている間に反撃を受け、空母赤城、加賀、蒼龍が被弾炎上する。唯一無傷だった飛龍のみが単艦で米空母三隻を相手取り、一隻を返り討ちにするが、集中攻撃を受け被弾炎上する。

瀧本氏は燃える飛龍の中で、格納甲板から艦尾へと逃げて生きながらえ、その後、駆逐艦巻雲に収容された。退艦時刻はすでに深夜であり、十二時間以上、食餌の機会がなかった計算になる。

一方、飛龍は配食をしようとして気が緩んだところで、被弾したという指摘もあり、こちらとは矛盾する。

いずれにせよ、混戦となると食餌どころではなく、食べられるときに食べておかなければならない。

§握り飯の形にも海軍と陸軍では違いがあった

配食の流れを見ていると、握り飯を竹の皮で包んで配る、という方法が意外に合理的であることがわかる。

通常配食では飯椀、味噌汁、副食等、漬け物がテーブルに並べられる必要があるが、竹皮包みであれば、砲塔だろうと、機関室だろうと、その辺に積んでおいて、余裕ができたとき食べればいい。握り飯であれば、手づかみで箸も必要としない。

みみっちいようであるが、竹皮は洗って再利用された。回収は食缶に入れたものを各班の当番兵が持って帰ってくる。竹皮も邪魔になれば捨てても問題ない。今でいえばワンウェイ容器の走りなのだろう。

飯の握り方は、一合あるいは二合を三個に分ける。形もいわゆる俵（枕）型とする説と、三角であるとする説があるが、ここでは俵型をとりたい。というのも充塡（じゅうてん）効率が優れているからである。丸形や三角では、食缶に詰めたとき、どうしても隙間ができてしまう。もっとも、横にした石油缶のような食缶に並べていったら、下の握り飯は重みで勝手に俵型になってしまうだろう。

海軍の握り飯は俵型、あるいは三角であったが、陸軍では丸形が一般的だった。しかも、二合の飯を二つに握る。これは陸軍の空豆型飯盒に入れるとぴったりのサイズなのである。

一方海軍でも行軍の訓練はあったし、上海海軍特別陸戦隊で知られるようにごく一部が陸上部隊として行動した。この場合、専用の弁当箱を使い、主計兵や輸送車が運ぶこともあった。

しかし、握り飯は竹皮包み三個であった。

『海軍研究調理献立集』(昭和七年)に「弁当用握り飯1」と「弁当用握り飯2」の記述がある。

なおこの名称は献立集に記載された正式名称である。

「弁当用握り飯1」で三種の握り飯を紹介している。

【かつぶし握り】

かつお節適宜を醤油で味付けして、ご飯の真ん中に入れて握り、海苔で巻く。

【鮭握り】

焼き鮭をほぐしてご飯に混ぜ、塩、酢で味付けして握る。

【福神漬け握り】

福神漬けの水気を切り、みじん切りにして、ご飯の真ん中に入れて握り、ゴマ、塩をまぶす。

「弁当用握り飯2」は次のようになっている。

【たくあん握り】

たくあんを刻み、ご飯の真ん中に入れて握る（奈良漬け、味噌漬けでも可）。

【シソ握り】

シソ漬けをご飯に混ぜて握る。

【デンブ握り】

デンブをご飯に混ぜて握る。

デンブといわれてもピンとこないかもしれないが、ちらし寿司などに添えられるピンク色の繊維状の食品である。本来は白身の魚を繊維状になるまでほぐして味付けをする。現代ではスーパーで甘く味付けをした「桜デンブ」が一般的である。

以前、この献立集をもとに再現してみたことがある。

「弁当用握り飯1」

福神漬け握りには金ゴマをまぶした。ゴマ塩などは黒ゴマが利用されることが多いが、金ゴマを使うと、黒の海苔巻き握り、オレンジの鮭の混ぜご飯握り、金ゴマまぶしと想像以上にカラフルな握り飯セットになった。

「弁当用握り飯１」(レシピに基づいて再現)
左から、かつぶし握り、福神漬け握り、鮭握り

「弁当用握り飯２」(同上)
左から、シソ握り、デンプ握り、たくあん握り

「弁当用握り飯2」

たくあん握りは白い握り飯であるが、シソ握りは赤ジソの紫、桜デンブを利用すると、やはり紅白のおめでたい雰囲気のセットになった。

再現に当たって、鮭は鮭フレーク、シソはふりかけのゆかり、デンブは市販の桜デンブを利用した。

シソは本来であれば梅漬けに漬け込まれる赤ジソ漬け、デンブも白身の魚を繊維状になるまでほぐして味付けするところまで自作するべきだろうが、海軍もできるだけ手近にあるものを簡易に利用していた。精神を尊重して、手抜きさせていただいた。

今の日本、コンビニで握り飯は定番商品である。しかし、せいぜい、炊き込み、赤飯、海苔巻き握りぐらいで、ゴマをまぶしたり、ふりかけを混ぜ込んだり、デンブを振ったりという商品は見かけない。たかが握り飯であるが「料理は目で食べる」という部分もある。殺伐（さつばつ）とした戦場で、このような工夫は兵の慰めとなっただろう。

話は少しそれるが、この頃の軍隊ではやたらに「福神漬け」が登場する。現在ではカレーの付け合わせに使われる程度であるが、旧軍では握り飯にしたり、弁当に加えたり大活躍である。

一方、当時、存在していたはずだが、まったく登場しない漬け物がある。「キムチ」だ。朝鮮半島でも当然、古来から漬け物はあった。「唐辛子を使用した漬け物」の登場は安土桃山時代以降になるにしても、大戦中も食べられていたはずだ。一方、現代日本で最も多く市販されている漬け物「浅漬け」に続いて、キムチは二位に付けている。

推論であるが、食べ物にも、はやりすたりがあるのだろう。

明治初期「牛鍋」（すき焼き）が流行した東京では、銀座で買い物をした後、浅草でお参りをして、牛鍋をつつくのがトレンドだったという。

確かに今でも浅草は繁華街であるが、わざわざ牛鍋を食べに行こうという人はかつてほどいないだろう。牛肉そのものが食品の多様化の中で後退したという理由もあるだろうが、明治期ほどのはやりではないためであろう。

あるいは昭和初期、ご馳走といえばビフテキであった。確かに今でもビーフステーキは相応に高級な食べ物であろうが、取り立てて贅沢ではない。若い人に「肉を食べたいと思ったらどうする？」とたずねたら、十中八九「焼き肉」と答える。

同じような理由で、太平洋戦争の頃、「福神漬け」が流行だったのである。

流行したから軍が取り入れたのか、軍が取り入れたから、流行したのか、どちらが先かはわからない。

福神漬けについては、東京池之端の漬け物屋「酒悦」の発案で「七種類の材料を漬け込んだ」ため、あるいは「近郊の不忍池、弁天様にちなんで命名した」との説がある。しかし、別の社のホームページでは「半端な野菜を漬け物にして、無駄を省いて財をなす」ところから七福神に結び付けた、という説が紹介されている。

真偽はともかく、江戸末期に福神漬けが存在していたのは確かであり、酒悦が陸海軍から福神漬けの大量注文を受けたのも事実である。少なくとも、四百五十グラムサイズの福神漬け缶詰が海軍に納入されていたとする資料がある。あらかじめ食べやすいサイズに刻まれた福神漬けは軍としても使いやすい食品だったのだろう。

握り飯はそれこそ海戦の「戦闘食」であったが、海軍では握り飯以外に弁当を配るのは珍しくはなかった。

戦闘配置ともなれば乗員は持ち場を離れられないのは当然として、平時から離れられない配置、あるいは職能が存在する。

先述したように、舵（かじ）を握る操舵手（そうだしゅ）、操艦の指示を出す当直士官、海図を記録する航海士、飛行機や潜水艦を監視する見張り、陸上部隊では衛兵、エンジンを担当する機関員、砲では事故防止の観点から当直を一人砲に残していた。

これらは食餌時間だからといって持ち場を離れるわけにはいかない。

烹炊所ではなんらかの当直のある兵の人数を把握して、その分の弁当を用意する。おそらく、航空機で使用されていたものと同じ飯の入った大判のものと、副食用の小型弁当箱の二個組であろう。

外出や、戦闘のためにアルミ製の弁当箱もあったが、折り詰めも利用したとの記録もある。

§夜食は「コーンフリスタ」で

弁当ではないが、朝昼晩の他に夜十時以降、勤務に就く者のために夜食も用意した。比較的軽いもので、献立集に「夜食に向く」などと記述がある。もちろん、夜食専用というわけではなく、たとえば「かけうどん」などには、生卵を落とさないものは夜食に向く、などとされている。

主計教科書の「付録」とされる部分に「コーンフリスタ」という料理がある。作り方をそのまま記してみよう。

《**材料**》

トウモロコシ、麦粉、バター、塩、こしょう、鶏卵、パセリ、ラード。

《**下ごしらえ、調理**》

トウモロコシの缶を開け汁を切り、小麦粉、鶏卵を割り入れる。塩、こしょうで味を整える。フライ鍋を火にかけ、ラードを少々入れて煮立て、前のコーンをスープ匙(さじ)(お玉?)一杯入れて焼き、両面がキツネ色になるまで焼き上げる。

トウモロコシ一缶に、麦粉匙一杯の割合。夜食にもちいる。

「コーンフリスタ」（レシピに基づいて再現）
手軽に作れる上、見た目以上に美味

名称は「コーンフリッター」が誤って表記されたものだろう。

明治期の資料を見ると「オシターソース」「マイナーソース」などという記述があるが、これらは製法から「オイスターソース」と「マヨネーズ」であり、似たような誤用があったと思われる。なお「フリッター」とは衣揚げを指す。

正確な量が記されていないので、詳しくはわからない部分がある。

トウモロコシ一缶とあるが、海軍に納入される缶詰のサイズは四百五十グラム（一ポンド）缶が最も多く、ハーフサイズの二百二十五グラム、二ポンド、三ポンドなどがある。最も小さい半ポンドでもお玉一杯の小麦粉を溶いて混ぜてもまとまらない。

とすると適量のトウモロコシを小麦粉に練り込んで焼いた、現代のお好み焼き、あるいは大正時代に発祥した一銭洋食に近いものである。

洋食史を記した資料には、「小麦粉を溶いたものにネギや、キャベツなどの具をのせて焼いた一銭洋食」と記述されており、「当時は西洋風のソースがかかっていれば、なんでも洋食と呼んだ」とするとされている。

しかし、ソースが日本に定着したのは比較的遅い。現代のソースのベースとなったのはイギリスのリー&ペリン社の「ウースターソース」を一八三〇年代に持ち込んだのが最初だと考えられる（異説あり）。日本人はなんでもすぐ日本風にアレンジするが、リー&ペリン・ソースの日本化は比較的遅く、一八八〇年（明治十三年）から、大体一九〇〇年頃である。リー&ペリン・ソースは現代でも当時と同じ味のものが輸入されているので、ステーキハウスなどで一なめしてみると日本化が遅れた理由がわかるだろう。現在、我々が常食しているソースに比べて非常に刺激が強く、気軽に食品にかけられるものではない。イギリスでも隠し味にするのが常道だという。日本化にかなりの時間がかかったと思われる。なお、国産ソースの登場年代に開きがあるが、これはソースメーカーの主張に差があるためである。また、当時のソースは醤油に香辛料で香りをつけたものだったらしい。

いずれにせよ、明治から昭和中期まで日本で入手できたソースは「ウースターソース」で、一銭洋食にかけられていたソースはさらさらとしたウースターソースだったはずである。

また、一銭洋食が小麦粉を溶いたものにネギや、キャベツなどの具をのせて焼いたのに対して、コーンフリスタは具であるトウモロコシを混ぜ込んでいる。とすると、形状としてはコーンフリスタのほうが、一銭洋食より、現代のお好み焼きに近い。

小麦粉を溶いて焼いて食べるという調理法は決して珍しくない。しかし、混ぜ込んで焼いて食べるというのは日本独自である。発祥をコーンフリスタと見るべきだと強くは主張しないが、影響は否定できないだろう。

現代ではお好み焼きにマヨネーズをかけるか、かけないか、との議論があるそうであるが、それ以前にお好み焼きに欠かせない「どろソース」は昭和二十三年（一九四八）、兵庫のオリバーソースが、ウースターソース製造過程で、熟成中に容器の底に溜まった粘度の高い部分を業務用に提供したのが最初である。それまではソースと呼べばウースターソースであり、中濃ソースに至っては、昭和三十九年（一九六四）まで時代がくだる。

六月二十一日五時五十分、戦艦で残存燃料五十％、駆逐艦では三十％を切るほどになった。洋上は波が強く、燃料の補給は困難。宇垣司令官は一旦、マリアナ沖を離れ、沖縄で燃料補給の上、フィリピンへ再進出すると決定。

戦列を離れるが、幸いにして敵の追撃はなかった。

アメリカ側では後に空母機動部隊を指揮しながら日本軍を追撃しなかったスプルーアンス提督に対して「作戦全般が消極的だ」と非難の声があがった。スプルーアンス自身は「日本軍を追撃する方策もあっただろう」と認めながらも現実的には本来の目的であるマリアナ諸島攻略戦の援護を重視したと表明した。

日本側としては追撃を受けようが、無視されようが、マリアナから撤退する時点で、負けは決まっていた。日本側には空母こそ残っていたが、もはや載せるべき飛行機がなかった。

日本軍損害。空母三隻。基地航空隊の航空機を含め四百七十六機。艦船の損失に伴い、三千名以上行方不明。

アメリカ軍損害。沈没艦なし。被撃墜四十一機、着艦失敗や不時着など八十八機。航空搭乗員戦死七十六名、艦乗組員戦死三十三名。着艦失敗の多さが目立つが、これはアメリカ軍も訓練が不足しており、攻撃隊の夜間収容を実施したためと考えられる。

マリアナ沖海戦の敗北により、日本の空母機動部隊は壊滅したのである。

二十三日、艦隊は沖縄、中城湾（なかぐすく）に集合。

さらに翌日、大和は呉に戻る。

大和としては、主砲を発射しただけで、敵艦の姿を見たわけではない。敵弾を受けたわけでもない。きわめて欲求不満の残る戦いだった。

第10章 レイテ謎の反転とサバ缶の味噌汁

§連合艦隊まで〝だました〟大本営発表

七月八日、呉で一連のメンテナンスを終えた大和は陸軍部隊と食料、軍需物資を搭載して出港した。沖縄、中城湾で駆逐艦に燃料を補給し、同行していた戦艦長門、金剛はマニラに向かう。大和はリンガ泊地に投錨し、輸送船に陸軍物件を移動させる。

訓練を繰り返す中、八月二日に宇垣司令官は「主砲の散布界は交互射撃において著しく縮小。一斉射撃において七百メートル余り、『武蔵』は前回より改善を見ず」と悲観していた。散布界とは艦が斉射を行った時に砲弾が落ちる範囲を示す。狭ければ狭いほど、命中率が上昇する。九月二十七日の砲術研究会では「大和、武蔵の散布界著しく縮小」と判定するに至った。

戦艦の主砲射程距離は長大である。射程距離の短いアメリカの旧式戦艦でも二十七キロ、大和では四十キロを超える。東京駅から山梨県境まで届くほどの長距離である。砲弾はこれだけの距離を飛ぶため、手持ちのライフルのようなスコープを付けて照準するわけにはいかない。そもそも、最大射程を狙うためには主砲を四十五度ほど上に向ける必要がある。主砲公試で調定角度と、飛翔距離は求められているが、現実には艦そのものも動いているし、地球の自転が影響するため、東に撃つのと、西に撃つのでは射程距離が違ってくる。これらを考慮してデータが「射撃制御盤」という機械式コンピューターに入力されて、主砲の発射角度が決められる。

しかし、それでもまず命中しない。砲弾は最大で二十キロほどの高度に達してから落下する。海面と、上空で風の向きが違うこともあるし、高度によって湿度や気温も違う。

そこで最初は観測射撃と呼んで一発だけ砲弾を発射する。砲弾が敵の向こうなり、手前に落ちると、今度は逆に手前過ぎる位置、通り過ぎた位置に砲弾を送り込む。敵艦の両舷(りょうげん)に落ちるように調整して、「夾叉(きょうさ)」と呼ぶ状態に持っていく。

着弾観測ができないと、修正がきかない。大和の測距儀は世界最大の十五メートル測距儀であり、四十キロ先の水柱や、敵艦までの距離を測るための機構なのである。

現代ではレーダー射撃があるが、第二次大戦当時、悪天候などで敵艦までの見通しが悪いときは、着弾観測機を出して観察させた。艦から着弾位置が見えないとき、偵察機から着弾位置を無線で受け取り、艦側では照準を変えるのである。大和では最大七機の水上偵察機が定数とされており、これらは本来、着弾観測のための機体であった。

また、逆に自分が着弾観測機を持っている場合は敵と、自艦の間に煙幕を張って煙幕越しに砲撃する「超煙射撃」なども訓練されたが、超煙射撃そのものは実戦では実施されずに終わった。

撃たれる側でも、狙われているのがわかると針路を変えたり、速度を上げたりして砲弾を回避しようとする。一発や二発で観測射撃が終わるケースもあまりなく、何度も繰り返して、夾叉してはじめて斉射、主砲一斉射撃するのである。

しかし、斉射したからとて、全弾が命中するわけではない。まず大和でいえば、第一砲塔と、第三砲塔の位置が百メートル以上離れている。真横の敵を狙う場合だと、各砲塔でわずかに、内側に砲を向けなければならない。

また、大和は非常に安定した船であるが、どうしても動揺がある。撃つ側で一ミリ、二ミリずれても四十キロ先では大きな差になる。

そこでそれぞれの砲塔には、俯仰手（ふぎょうしゅ）、旋回手（せんかいしゅ）がいて、艦橋のさらに上に置かれた射撃制御盤のデータで砲の動揺を最低限に抑える。三つある砲塔、それぞれ独自に砲撃することもできるが、一艦を狙って斉射する場合は、三つの砲塔の射手と方位盤射手が同調してはじめて発射する。

砲術長が「撃て」と命令しても、射手たちは全員の照準がそろわないと、引き金（鉄砲の引き金のように指先で引くタイプである）を引かないし、仮に引いたとしても遮断（しゃだん）装置が働いて砲弾は発射されない。

発射されても、砲弾は一点に集中しない。やはり、砲塔ごとにミリ単位のずれは生じるし、三連装砲塔の砲は一番右と左では十メートルほど離れている。戦艦の主砲は空中で砲弾が干渉しないように、三門同時に撃っても〇〇・一秒ずれて発射される。右側の砲と、左の砲ではわずかとはいえ時間差が生じ、砲をのせた旋回台に衝撃から歪みが発生する。着弾もずれれば、着弾時刻も違う。

主砲を斉射して、その砲弾が何メートルの範囲に落ちるかを「散布界」と定義する。この一定面積の中に敵艦が収まり、一発でも命中すればよろしいという考え方をする。

とすると、先に宇垣が挙げた「散布界、七百メートル」というのは直径七百メートルの円内に九発の砲弾が落ちることを意味する。

目標がアメリカ最大の戦艦アイオワで全長二百七十メートルだとしたら、散布界、七百メートルだと、正確に照準すれば一発は当たる計算である。

砲弾が発射されてから着弾するまで、最大射程で二分かかる。二分経たないと着弾が確認できないのである。しかも着弾の水煙が敵艦の姿を覆い隠す。水煙が収まるのを待たなければならない。これに五分ほどかかることもあったという。

観測射撃を始めて二分、着弾を観測して修正して二分、これを何度か繰り返し夾叉して、はじめて斉射する。

現実的には遠距離砲戦はかなりのんびりした動きであったと想像される。

マリアナが陥落すると、絶対防衛圏を死守するという「あ号作戦」は意味を失った。続いて本土防衛作戦が必要となる。

そこで立案されたのが「捷号作戦」である。

捷号作戦は防衛区域によって、

「捷一号作戦」フィリピン方面。

「捷二号作戦」九州南部、南西諸島及び台湾方面。

「捷三号作戦」本州、四国、九州方面及び小笠原諸島方面。

「捷四号作戦」北海道方面。

とされ、陸海軍で基地使用の協定、作戦行動が打ち合わされた。


十月十二日、台湾沖にアメリカ機動部隊が集結し、台湾から沖縄の航空基地を攻撃した。日本軍は基地航空隊千二百機以上を投入して迎え撃った。いわゆる台湾沖航空戦である。

ここで日本軍にいくつものミスが発生する。

もうすでに航空隊の技量は戦闘に耐え難いほど低下しており、まともに戦果確認ができなかった。墜落して炎上する機体を敵艦が燃えていると誤認したり、至近弾が水柱を上げただけなのに命中と報告してしまう。

航空隊からの攻撃を受けた大本営は十月十二日から十九日にかけて、
撃沈、航空母艦十一隻　戦艦二隻　巡洋艦三隻　巡洋艦もしくは駆逐艦一隻。

撃破（中大破）航空母艦八隻　戦艦二隻　巡洋艦四隻　巡洋艦もしくは駆逐艦一隻　艦種不詳十三隻。

敵機撃墜　百十二機。

との大戦果を発表する。

しかし、実際に損傷したアメリカ艦は巡洋艦二隻に過ぎず、戦艦、空母に命中はない。航空機も日本側六百五十機損失に対して、アメリカ側七十五機という大敗であった。戦果誤認は決して珍しいものではなく、英米独いずれの国でも大なり小なりの誤差がある。

しかし、台湾沖航空戦の誤認は大きすぎる。

いわゆる「大本営発表」である。これが大本営の意図的な誇大広告であればまだ、救いようがあったが、大本営どころか、軍令部までもが大戦果があったと信じ込んでしまう。

また、台湾が攻撃を受けたため、日本側では「次のアメリカの攻撃目標は台湾」という推測を立てる。陸軍では一部戦力を沖縄から台湾へ移動させ、後の沖縄戦の戦力不足に響いてくる。

§重油まみれの栗田長官

十月十七日、午前七時。フィリピン中部レイテ島の監視所が「戦艦二、特設空母二、駆逐艦接近」を報じる。

しかし、大本営は台湾沖航空戦での大戦果から、アメリカ軍に大部隊を運用する能力はないと信じていた。レイテへの攻撃が、本格的な上陸であると気づかなかったのである。

命令系統でいうと、天皇の直下に大本営が位置する。大本営には陸軍の最高作戦機関である「参謀本部」と、海軍の「軍令部」がある。

軍令部の下、あるいは並列して「海軍工廠(こうしょう)」や「各種学校」がぶら下がっている。そうした組織の中で実戦部隊が「連合艦隊」である。明治時代では四つの「鎮守府(ちんじゅふ)」が独自に「常備艦隊」を保有していて、必要に応じて共同作戦を行うために臨時に「連合艦隊」が編成されていたが、昭和八年（一九三三）以降、常設となった。

連合艦隊というと、海軍の艦隊すべてのような印象を受ける読者も多いかもしれないが、そうではない。もちろん、強力な発言権と権力を持っていたが、現実的には「海軍組織」の一つに過ぎない。

八時三十分になって連合艦隊は自己の判断で「捷一号作戦警戒」を発し、九時二十三分には「第一遊撃艦隊急速出撃、ブルネイ進出」を発令した。

いずれにせよ、完全に後手に回った状態での捷一号作戦発令である。しかも捷一号作戦の勝算は台湾沖航空戦でアメリカ機動部隊が壊滅しているとの報告を元に軍令部によって立てられていた。もっとも、連合艦隊としては出現したとされる米艦隊の隻数と、標準的な爆弾、魚雷の命中率から算出すると台湾沖航空戦の戦果は大きすぎると考えていた節（ふし）がある。

かくして、フィリピンをめぐる「レイテ沖海戦」が発生するのである。

参加艦艇数では、第一次大戦のジュットランド沖海戦、参加兵員数でもノルマンディー上陸作戦には及ばないものの、事実上の戦力を比較すれば第一次大戦期とは比較にならない大戦力であり、ノルマンディーが連合軍海軍の一方的な攻勢であったのに対して、レイテでは残存とはいえ、いまだドイツ海軍の数倍の規模を持つ日本海軍が死力を振り絞った史上最大の海戦となった。

レイテ海戦と一口でまとめるが、上陸するアメリカ陸軍を水際で撃退する「サマール島沖海戦」とこれの前哨戦である「シブヤン海海戦」。別働隊である西村艦隊によるレイテ島攻撃を支援する「スリガオ海峡海戦」、小沢治三郎の機動部隊により、レイテ攻撃から敵空母機動部隊を引きはがす「エンガノ岬沖海戦」に分かれる。

このうち、大和がかかわったのが「シブヤン海海戦」と「サマール島沖海戦」である。

十月十八日、捷一号作戦発動。

十月二十二日、大和をはじめとして、旗艦愛宕を中心とする戦艦七隻、巡洋艦十三隻、駆逐艦十九隻からなる大艦隊が出撃する。攻撃目標は二十五日にレイテ湾に上陸するアメリカ輸送船団である。

だが、二十三日深夜。栗田長官の座乗する旗艦愛宕がアメリカ潜水艦ダーターの雷撃を受けて沈没。同行していた高雄も被雷、漂流する。遭難者は駆逐艦、巡洋艦に収容される。

栗田長官は予備旗艦に指名してあった大和に乗り移る。大和に移乗してきた司令部員は重油まみれで、誰が誰だかわからない情況だったという。大和主計長、石田恒夫少佐は大和全体の士気にかかわると感じて、すぐに風呂を沸かさせ、新しい着替えを用意した。

艦橋には栗田を中心とする艦隊司令部と、もともとの宇垣の第一戦隊司令部が同居し、異様な雰囲気が漂ったという。艦長森下信衞は座席を栗田に明け渡し艦長室に引っ込んだ（艦長席というと艦橋の中心に置かれるイメージがあるが、実際は艦橋の右側に置かれる。左舷は本来副長席であるが、司令部が乗り込む場合は左舷が司令官席として使用される。もし、二つの司令部が乗り込むと艦長は座席を明け渡すことになる）。

同様に宇垣司令官は、長官室を栗田に明け渡した。森下艦長は宇垣に艦長室を使うように申し出たが、宇垣は辞退して艦長次室に仮住まいすることとなった。

きわめて幸先（さいさき）の悪い出だしであった。

しかし、司令室は会議室に使用されただけで、栗田も宇垣も席を離れる余裕などなくなった。

翌十月二十四日。夜が明けると、すぐにハルゼー機動部隊の攻撃が始まった。

配食はすべて、朝昼晩夜食の四食、戦闘配食の「握り飯」となる。

十時には武蔵、妙高（みょうこう）が被雷。

十二時には三十三機が、十三時半には六十五機、十四時に十二機と、数次にわたる攻撃が続いた。述べ十時間の波状攻撃である。攻撃は武蔵に集中し、少なくとも十本の魚雷、十発の爆弾を受けた。大和も直撃一、長門でも二発、利根（とね）、矢矧（やはぎ）被弾。

ハルゼーは夜間攻撃を計画したが、栗田側が一旦、レイテへの攻撃を断念するような行動を見せたことと、ハルゼーが小沢治三郎の空母機動部隊を発見、主力隊を北上させ始めたため、夜間攻撃は行われなかった。

この一連の攻撃により武蔵が沈没、巡洋艦四隻、駆逐艦四隻が沈没・損傷のために戦列を離れた。

シブヤン海海戦である。海戦とはいうものの、日本側が一方的に攻撃を受けるだけであった。

一方、二十四日から二十五日にかけて、小沢治三郎率いる空母機動部隊は空母瑞鶴、軽空母千歳、千代田より五十八機からなる攻撃隊を発進させた。数発の至近弾を与えたに過ぎず、被害により搭載機は三十九機にまで減少した。小沢機動部隊は引き続きハルゼーを引きつける囮（おとり）部隊として艦艇を集結させて北上させた。ハルゼーの機動部隊は日本側の機動部隊が健在であると判断して、全力でこれを追いかけた。いわゆる「ブルズ・ラン」であり、アメリカ機動部隊の半分が日本軍攻撃主隊から引きはがされたことになる。

二十五日にハルゼーは上級司令部から「第三十八機動部隊はいずこにありや。全世界は知らんと欲す」の電文を受け取った。

「全世界は知らんと欲す」の一文がハルゼーを激怒させた。ハルゼーの伝記によると「とても言葉には書き表せない悪態をつき、『ニップ』フリートを追い求めた」とある。ニップ、とはジャップよりさらに汚い侮蔑（ぶべつ）語である。ハルゼーはレイテにとって返した。その後、小沢の機動部隊はハルゼーの残した別働隊の攻撃を受けた。この一連の海戦が「エンガノ岬沖海戦」である。小沢機動部隊で、帰還できたのは巡洋艦五十鈴（いすず）、戦艦日向、伊勢、巡洋艦大淀、駆逐艦霜月（しもつき）、若月（わかつき）、駆逐艦槇（まき）のみで、わずかな空母は全滅させられた。なお、伊勢、日向を含む第四艦隊を率いたのは前大和艦長であった松田千秋少将で、持論とする回避術を実践し、伊勢、日向はただの一発も爆弾、魚雷を受けなかった。

同時刻、本隊と合流してレイテ湾に突入する予定であった西村艦隊は、二十四日、ハルゼー機動部隊の偵察機に発見された。西村艦隊の突入時間繰り上げと、栗田艦隊の遅延のため最後まで共同作戦はならなかった。

米上級司令部はオルデンドルフ少将に、レイテ湾南方のスリガオ海峡で待ち伏せを命じた。「スリガオ海峡海戦」である。アメリカの戦力は、戦艦六隻、重巡洋艦四隻、軽巡洋艦四隻、駆逐艦二十六隻、魚雷艇三十九隻という大規模なものであった。

西村艦隊は魚雷艇、駆逐艦と立て続けに魚雷攻撃を受け、さらに夜間、戦艦七隻からのレーダー照準で砲撃を受けて、壊滅した。戦艦扶桑、山城では乗員三千名中、生還したのは二十名余に過ぎない。

大和から一連の戦いを眺めると、二十三日夜、旗艦愛宕の沈没により事実上の「シブヤン海海戦」が始まり、二十四日、終日空襲が続く。

二十五日午前六時五十七分。大和はレイテ湾近くサマール島沖で米第七十七任務部隊発見。攻撃を開始する。

日本側ではアメリカの正規部隊だと誤認していたが、実情は飛行機を運んで飛ばすだけの護衛艦隊であった。大和、長門、金剛は砲撃を開始。任務部隊の側でも攻撃隊を発艦させ、駆逐艦すら主砲で大和を攻撃する乱戦となった。

大和そのものは駆逐艦主砲による砲弾の直撃を右舷後部短艇甲板と、右舷烹炊所、つまり兵員烹炊所の洗い場に受けていたが、こちらは不発であったため、死傷者は出ていない。

大和は砲撃を続け、護衛空母ガンビア・ベイと駆逐艦ジョンストン、ホーエル、護衛駆逐艦サミュエル・B・ロバーツを撃沈し、空母ファンショウ・ベイに四発命中、カリニン・ベイが十五発、キトカン・ベイとホワイト・プレインズに至近弾を与えて損傷させた。

大和にとってはじめての戦果であり、戦艦の砲撃による史上唯一の空母撃沈である（大和の砲撃ではないとする説もあるが、だとしても榛名か金剛の戦果である）。連合艦隊はこのままレイテ湾に突入し、上陸最中の米軍に大損害を与えられる、誰もがそう考えていた。

だが、わずか二時間の攻撃の後、九時二十四分。栗田は全艦隊に集合を命じている。

陣形を整えるためかと思われたが、結局十三時になって「第一遊撃艦隊はレイテ泊地突入をやめ、サマール東岸を北上、敵機動部隊を求めて決戦。爾後、サンベルナルジノ水道を突破せんとする」と打電した。

伝説ではあるが、駆逐艦雪風艦長、寺内正道中佐はサンダル履きのまま艦橋から飛び出して艦尾に走り「敵はそこにおるではないか」と叫んだという。大和艦橋にも高角長と副砲長が怒鳴り込み、宇垣も第二艦隊参謀長、小柳冨次参謀長に「おい、敵はあっちだぜ」と呟いたとされる（小柳参謀長が栗田に撤退を具申したとされる）。

レイテ湾口、四十七浬まで達しての撤退である。もう三十分進めばレイテ湾に砲弾が届く。レイテ湾には歩兵八万九千、軍事物資十一万四千九百九十トンが揚陸され、さらに湾内には水陸両用母艦三隻、強襲用貨物艇一隻、戦車揚陸艇二十三隻、中型用陸戦二隻、リバティー型輸送船（一万トン）二十八隻が投錨していた。これらを一網打尽にするチャンスをみすみす逃してしまった。

いわゆる「栗田艦隊、謎の反転」である。

砲撃を断念して北上する際も、南下してきたハルゼーの機動部隊搭載機、第七十七任務部隊からの追撃を受けた。十五時五十一分、敵機三十機襲来。十六時四分、急降下爆撃機襲来被弾。十七時五分。敵襲。

二十六日もアメリカ軍の攻撃は続く。一度は小沢機動部隊に釣り上げられたハルゼーであったが、のべ二百五十七機を送り込んでくる。さらに陸上基地から四発のB24大型爆撃機が襲来する。

夜九時になって、航空攻撃の可能性がなくなると、大和はやっと警戒を解いた。

§レイテ沖の握り飯〝デリバリー〟

栗田艦隊がなぜ、突入をやめて、北上したのか。いまもって謎である。栗田が臆していた、連絡が不首尾だった、攻撃を続行すれば艦隊が全滅していた、など、さまざまな説がある。

疲れていた、との主張もある。シブヤン海海戦から数えれば、四十時間もの長時間、攻撃を受け続けていたのである。特に栗田長官にしてみれば乗艦を撃沈され、愛宕から大和に移って

昭和19年(1944)10月26日、レイテ湾突入を断念後、北上して避退中の大和。攻撃中の米軍B24大型爆撃機から撮影したもの

きている。精神的疲労、肉体的疲労は並みでないだろう。これに対しては「三日や四日寝ないだけで疲れているようで、長官が務まるものか」という反論も存在する。実際、同等の時間、艦橋につめていた宇垣は『戦藻録』で栗田の行動を「不可解」と評している。

謎の反転について、栗田の内心はおくとして、事実「乗員は疲れ切っていた」。

四十時間、砲兵も機関兵も持ち場を離れることができず、朝昼晩と持ち場で握り飯を食っていたのである。既述のように海軍の握り飯はバリエーションが多い。具材も豊富だし、混ぜ飯握りもあった。しかし、落ち着いて食べるのもままならない。多少余裕があったとしても、いつ敵が来るかわからないため持ち場で握り飯を頬張る。持ち場にいるからとて安心はできない。高角砲や、副砲配置での「射撃中止」は恐怖以外のなにものでもないという。

陸軍などでも突撃の最中、自分が銃を持っていて、撃っていれば恐怖はまぎれるという。海軍でも同じらしく、自分が撃っていれば多少は安心できる。副砲や高角砲はその印象に反して「外が見えない」。

何門、何十門もある副砲や高角砲が、独自の判断で勝手に砲撃するわけではない。右と左から敵が来たらどちらを狙うか、判断するのは指揮所に構える副砲長なり、高射長である。それぞれの砲は命令に従って砲撃するだけである。特に副砲は「大和の弱点」といわれるように装甲が薄い。何度も改装をうけて、そのたびに増強されていたが、直撃弾を受けたらひとたまりもない。四十時間、狭苦しい砲塔内で恐怖に耐えなければならない。

烹炊員も、丸二日間、飯を炊いては握り、握り飯をそれぞれの持ち場に届ける、を繰り返していた。握り飯は握るだけで大仕事である。それを延々続ける。バリエーションもそろえなければならない。事前に予定が組まれているとしても空襲、回避の中の烹炊作業である。艦が大きく舵(かじ)をとるとさすがに傾いて、六斗釜から熱湯があふれたという。

飯を炊いて、握ったら今度は配らなければならない。大和のデッキは七層になっている。露天甲板から最上甲板、上甲板、中甲板、下甲板、最下甲板、船倉甲板。船倉甲板の下に機関室がある。飯を炊くごとにこれらの階層を走り回り、艦橋に昇る。

ときには仮眠ぐらいできたかもしれない。烹炊員の居住区も烹炊所に隣接している。通路を一つ抜ければ寝室だ。だが、烹炊員は平時でも三時起き。夜十時以降の夜食も作らなければならない。まともな調理はできない。缶詰の具を付けるにしても、三千人分の缶詰を朝昼晩、手で開ける。

大和主計長、石田恒夫少佐は戦闘が終結したと見るや艦橋から烹炊所まで駆け下りて「味噌汁を作れ。ともかく熱い味噌汁を作れ」と叫んだ。石田少佐の手記によると「サバの缶詰を使った甘みの強い味噌汁を作ったように思う」とある。海軍では保存食としてサバの水煮缶を大量に使っていた。また、大和が広島県呉所属の艦であり、主計教科書でも味噌汁に白味噌、赤味噌を合わせて使う「あわせ味噌」が掲載されているところから、このときの味噌汁も甘みの強い白味噌仕立てだったのかもしれない。

レイテ沖海戦で、もう一つ、特筆しなければならない事件がある。フィリピン防衛に当たった海軍中将、大西瀧治郎の命（めい）によってはじめて「体当たり特攻」が実施されたことである。損傷を受けた飛行機が敵陣、敵艦に体当たりをかけるのは日米ともに珍しくなかったが、正規軍が組織的に行った、はじめての自殺攻撃である。

爆弾を積んだ零戦によるもので、「神風特攻隊、敷島隊」と名付けられた部隊がアメリカの護衛空母に突入した。十月二十五日十時四十五分、空母セント・ローに命中。撃沈した。戦果は大きかったが、大和が見逃した第七十七任務部隊の空母である。もし、大和がレイテ湾に突入していれば特攻隊と、栗田艦隊の攻撃で米軍により大きな損害を与えたろう。

陸海軍の不調和ばかりでなく、もはや海軍内でも統一行動が取れなくなっていた。

第11章 大和、幻の晩餐

§燃料不足で身動きのとれぬ大和

十月二十八日。捷一号作戦から帰還した大和はブルネイ湾に入港。すでに燃料は心細く、補給のあてもなかった。

十一月八日、第三次、および第四次オルモック輸送作戦（多号作戦）のため出撃。オルモックはレイテ島南西の湾である。陸海軍ともに「フィリピン防衛の拠点はレイテ島」と観測して一定の戦力を集結させていた。オルモック輸送作戦は無事、完遂したものの、後に逆上陸を受け、陸軍はオルモック側、北側のカリガラから挟撃を受け包囲される。セブ島に渡り終戦の日まで戦い続ける。

大和に対して、引き続き十四日まで支援続行の要請があったが、燃料不足のため行動不能。丸一昼夜、航行すると燃料が底をつくまで困窮する。

十一日、ブルネイ着。

十五日、艦隊編成が変更される。連合艦隊司令部から「大和、長門、金剛、矢矧、駆逐艦四隻は燃料満載の上、内地に回航。急速整備を行う」の命が発せられる。

大和は第二艦隊旗艦となり、輸送船から燃料補給を受ける。艦隊変更のため宇垣司令は異動。大和に座乗したまま帰国する。

二十一日、日本へ帰投途中の戦艦金剛が、米潜水艦の攻撃を受けて沈没。

二十四日、大和、呉軍港に帰投。第四ドックで損傷個所の修理と、対空兵器の増強を行った。

入渠中、第二艦隊参謀長が異動。大和艦長であった森下信衞大佐が少将に進級。第二艦隊参謀長となる。艦長室から、参謀長室に移る。

下士官兵は一つのセクションから異動するケースはあまりないが、士官では原則的に半年に一度、人事異動がある。このときに同じ港の中で並んでいた隣の艦に異動するのは「ブイ・トゥー・ブイ」と呼ばれ、あまり好まれない。色々な持ち場を経験するのが士官の仕事だからだ。森下の異動は、「ブイ・トゥー・ブイ」どころか、艦内での異動であった。

異動に当たって森下は副官として大和主計長であった石田恒夫少佐を指名している。こちらも艦内での異動となった。主計科士官で副官は異例である。辞令が発されるより前、石田は森下参謀長から「気心の知れないわけのわからないのが来るより、君のほうが安心できる」と伝えられていた。

二十五日、新艦長、有賀幸作大佐着任、海兵四十五期（大正六年卒業）。前艦長にして第二艦隊参謀長である森下信衞と同期であり、大和最後の艦長となる。

二十九日、大和型三番艦として建造が開始されたものの、後に空母に改装された信濃が、艤装のため横須賀から呉に回航中、米潜水艦の雷撃を受けて沈没。

十二月二十三日。第二艦隊司令長官、栗田健男、海軍兵学校に転出、昭和二十年（一九四五）より海軍兵学校校長。後任の長官として軍令部次長であった伊藤整一中将が着任した。

昭和二十年一月一日。大和、第二艦隊第一戦隊に編入。

二月三日。アメリカ軍、マニラへ進軍。

日本側は、陸軍山下奉文中将が陸軍をルソン島山中に引き上げてゲリラ戦で対抗する計画を立てたが、海軍、および大本営はマニラ防衛に固執する。

結果、海軍陸戦隊を中心にした陸海軍の混成軍とアメリカ軍がマニラ市内で激突し、全市を破壊するほどの市街戦となった。いずれにせよ、陸海軍の連携の悪さから生じた事件である。

市街戦は三月三日まで一ヶ月間続いた。当時、マニラの住民は七十万人。うち、十万人が戦闘に巻き込まれて犠牲となった。「ゲリラ討伐」として日本軍による民間人殺傷も指摘されている。フィリピンでは「マニラ大虐殺」として記憶されている。

二月十九日、硫黄島にアメリカ軍六万一千人上陸。防衛する日本陸海軍将兵二万一千。

日本の海軍と陸軍の仲の悪さはもとより知られていたが、硫黄島、沖縄にいたる頃にはさらに乖離を激しくする。

ソロモン諸島、マリアナ、レイテにおいて海軍側は、「なんとしても水際で敵軍を食い止めてみせる」と豪語していたものが、マリアナでは空母機動部隊を失い、レイテでは海軍の、ほぼ全戦力を失う。陸軍としては海軍の水際防衛はあてにならないと判断する。

陸軍は硫黄島や、沖縄、台湾に米軍が上陸したとしても海軍の助力は得られないとして島嶼(とうしょ)防衛では、あえて陣中深く敵軍を誘い込んで、挟撃する戦法を採った。硫黄島では地下深く、アリの巣のように壕(ごう)を掘り、ここに潜んだ。深く掘られた壕は砲弾を受けても崩れず、たとえ崩れたとしても別の出口を用意してあり、こちらから飛び出した兵が地雷を抱いたまま戦車のキャタピラの下に飛び込む「肉戦」は全兵員が訓練を受けた。

日本軍の攻撃として知られていたものに「バンザイ・アタック」があった。「万歳」と叫びながら敵陣地に突入するのである。死を怖れぬ兵士の突撃ほど恐ろしいものはない。しかし、日本は「バンザイ・アタック」を超える、恐怖の自殺攻撃を行った。深夜、少数の日本兵が米兵のテントに忍び込み、眠り込んだ米兵の喉頸をかき切っていく。異常に気づいた番兵が機関銃を乱射しても残るのは、多数の仲間の遺体と、一人の死んだ日本兵だけ。

米軍は日本軍の三倍の兵員を投入したものの、死傷者は日本の被害を超える戦争後期の大被害となった。太平洋戦争後期で唯一、米軍の被害者が日本軍のそれを上回った戦いである。

二月二十七日、第二艦隊大和、第二水雷戦隊の矢矧は柱島へ回航される。とはいうものの、呉からは目と鼻の先である。

三月十七日、天(てん)一号作戦、用意。

天号作戦は作戦方面を東シナ海周辺と想定して、航空兵力を主力として打撃を与える目的であった。こちらも一号から四号まで立案され、沖縄方面、台湾方面、南支沿岸方面、仏印海南島方面航空作戦とされていた。

アメリカ海軍も軍港である呉の補助施設として神戸への攻撃を決断。同日、神戸にＢ29三百機が襲来。

十九日、呉軍港に米軍機三百機が襲来。大和は岩国沖で交戦。大和に被害なし。

しかし、ここに至るまで台湾への戦力抽出、陸海軍の目算の違いから、沖縄の防衛力は著しく目減りしていた。

台湾沖航空戦以来、台湾へ米軍上陸の可能性ありと見て、陸軍では沖縄、中国大陸から戦力を抽出して台湾に移動させていた。

二十三日、アメリカ機動部隊、沖縄本島に対する攻撃を本格化。空母十六隻から延べ二千機が沖縄を襲った。

二十五日、天一号作戦、警戒発令。

二十六日、硫黄島陥落。沖縄、慶良間に米軍上陸。天一号作戦発動。大和は呉に入港。

二十七日、大和に三千トンの燃料が補給される。夜間、Ｂ29が海峡封鎖のため下関海峡に機雷を投下する。

二十八日、大和をはじめとする第一遊撃部隊は呉軍港を出港するが、夜になって「佐世保回航の用無き」が入電。湾内で仮泊。

二十九日、午前三時五十五分、出撃。豊後水道をめざすが、九州、豊後水道にアメリカ機動部隊の攻撃隊が出現。回航を見合わせ、周防灘に退避。

三十日、B29が下関海峡に再び機雷を投下。アメリカ軍は下関海峡の東側完全封鎖に成功。大和、三田尻沖に停泊。

三十一日、大和、三田尻沖で戦闘訓練実施。とはいえ燃料不足から大したことはできなかった。

§特攻作戦前の無礼講

四月一日、米軍、沖縄本島、嘉手納海岸に上陸。

第一遊撃部隊、三田尻沖で対空警戒待機。待機は四月二日、三日と続く。三日にはB29が広島湾に機雷投下。

四日、連合艦隊は第二艦隊に沖縄突入を命じる。いわゆる「沖縄海上特攻」の発令である。

第一遊撃艦隊では出撃の是非をめぐって激論が生じた。連合艦隊側でも反対意見を唱える者もおり、出撃寸前まで議論が続けられた。

五日、日没前に総員集合がかけられ、有賀艦長から天一号作戦の概要と、沖縄出撃が総員に伝達される。五時四十五分。「酒保開け」がかかる。無礼講の壮行会である。兵も士官も甲板で、士官室で、居住区で酒を飲み、タバコを吹かし、歌を唄って過ごした。二十三時、副長より「今日は皆、愉快にやって大いによろしい。これでやめよ」の全艦放送が入る。

酒保開けの最中、烹炊所ではどのように動いていたのか。「酒保品」とはもともと外部から仕入れた物品であり、酒保はこれを売る場所である。しかし、二十三時以降も受け込み作業が続いたことから、夜食の需要が普段より多く発生する。普段よりは少ない人数だろうが動いていたはずである。さらに零時を回ってからも受け込み作業があったことから、主計科員の作業量は多かったと想像される。

また、レイテ海戦の教訓からか、出撃の前に士官に対して飴やビスケットなどポケットに入れておいて、すぐ食べられるような携行食糧が配給された。一回、配置につくと士官はまったく動きが取れなくなる。これらを配給するのも主計科の仕事である。

四月六日。

六時七分、三田尻出港、七時十九分、徳山沖に回航。

軍需廠から燃料補給と必要物資の積み込みを受ける。不要物の荷下ろし。燃えやすい木製の椅子や机、士官候補生、病弱者、補充兵を退艦させる。巡洋艦矢矧では二十日分の食料を積んでいたが、うち二週間分を不要として返還した。

十五時半、連合艦隊参謀長、草鹿龍之介中将来艦。大和および矢矧で疑問視されていた水上特攻の必要性を再度、伝達。
十六時、出撃。

以上が、昭和十九年（一九四四）大和が内地に帰還して以降の行動時系列である。完全に瀬戸内海に封じ込められ砲撃、対空攻撃回避などの訓練をほとんど行っていない。大和は航空攻撃により、多数の爆弾、魚雷を受けて沈没する。レイテ戦で全弾避けきった伊勢、日向との違いが目立つ。

同型艦の武蔵も多数の攻撃が命中しているところから「大和型戦艦の運動性に難があり、舵(かじ)の利きが悪かった」とされる。事実、大和型は旋回半径こそ小さいものの、転舵(てんだ)してから舵が利き始めるまで一分半ほどの時間がかかった。仮に敵機を発見して、回避行動を取ったとしても舵が利き始める前に爆弾なり、魚雷が命中しかねない。これは大和型のトン数に比べて舵の面積が狭いためであるとされている。

また、訓練が不足していたとの指摘もある。特に艦長、有賀幸作は水雷出身で駆逐艦勤務は長かったが、大型艦艦長経験は乏しい。駆逐艦長は四回も経験しているが、大型艦は重巡洋艦鳥海(ちょうかい)の一度きりでしかない。当然戦艦を操艦したこともなく、戦艦の中でも操艦のむずかしい大和の動きに慣れる時間がなかったとされる。

第二艦隊出撃に関する騒動は敗戦間近の混乱を感じさせる酷(ひど)さがある。

ここではいわゆる一次資料からの言葉を引用するに留める。

連合艦隊参謀、神重徳(かみしげのり)大佐。

「戦局、ここまで火急に際しては水上部隊も迫地で無為に時をすごすべからず。ただちに出撃して、能(あと)うことなれば沖縄の沿岸に乗り上げて陸上砲台として活用すべし」

軍令部次長、小沢治三郎中将が質(ただ)した。

「燃料は二千トン、ないしは二千五百トンしか、やれんぞ。それでも、やるか?」

神大佐は反論できず議論はうやむやのうちに中絶してしまった。

小沢中将は、片道燃料の条件を出せば連合艦隊は沖縄突入をあきらめるだろう、と考えていたようである(千早正隆(ちはやまさたか)連合艦隊参謀、および富岡定俊(とみおかさだとし)少佐の回想による)。

連合艦隊司令長官、豊田副武。

「私は成功率は五十パーセントはないだろう、五分五分の勝利は難しい。成功の可能性絶無だとはもちろん考えないが、うまくいったら奇跡だ、と判断したのだけれども、急迫した当時の戦況に置いてまだ動けるものを残しておき、現地の将兵を見殺しにすることはどうしても忍べない。かといって勝ち目のない作戦をして、追っかけて大きな犠牲を払うことも大変苦痛だ。しかし、多少なりとも成功の算があればできることはなんでもしなければならぬ、という決断をしたのだが、この決心をするのには、ずいぶん苦しい思いをしたものだった。……当時の私としてはこうするより他に仕方がなかったのだ、という以外、弁解はしたくない」（『最後の帝国海軍』）。

軍令部総長、及川古志郎（おいかわこしろう）大将が天皇に戦況の奏上をした。

「天一号作戦は帝国安危の決するところであり、挙軍奮闘、もってその目的に遺憾なきように」

「帝国海軍は航空機による特攻攻撃を激しく実施いたします」

「こたびの作戦は航空部隊のみの総攻撃なりや」

「いえ。海軍の全兵力を使用いたします」

宇垣纏、第五航空艦隊司令長官『戦藻録』

「余は第二艦隊の出撃については、最初から賛意を表明せず。連合艦隊に対しては抑え役に回ったが、今時の発令は全く唐突（とうとつ）にして、いかんともしがたし」

「そもそも、ここに至れる主因は軍令部総長奏上の際、航空部隊のみの総攻撃成るやの御下問に対し、海軍の全兵力を使用すと奏答せるにありと伝う。及川総長の責任、はなはだ軽しとせざるなり」

§"ハレの日"の銀シャリ

六日、大和が出撃のため物資を積み込んでいる頃、菊水(きくすい)一号作戦が実施された。航空機による体当たり特攻作戦である。フィリピン以来、日本軍に残された唯一の攻撃方法となっていた。特攻の実施についてはさまざまな意見がある。護国の軍神、攻撃精神の権化。あるいは、命の無駄遣い、降伏するべきだった、国に騙(だま)された。ここでは評価はしない。そうした攻撃が行われたとだけ事実を述べておこう。

そして、純粋に戦果だけに注目すると、効いた。信じがたいほどの戦果をあげた。

四月六日だけで出撃した特攻機はおよそ、三百機。これが護衛の戦闘機二百機に守られて沖縄沖に集結していたアメリカ艦隊に突入した。

出撃機数だけを比較すれば前年六月のマリアナ沖海戦と大差ない。マリアナでは曲がりなりにも空母から飛び立って帰れる技量を持った攻撃隊が出撃したのに見るべき戦果はなかった。

一方、菊水作戦では、初日の六日だけで空母サン・ジャシント以下、十八隻に中大破の大打撃を与える。菊水作戦は沖縄が陥落する前日、六月二十二日に第十号が発令されて終わるが、その日まで三十六隻を撃沈、多数の損害を与えた。戦艦や空母といった大型艦の撃沈こそならなかったが、戦艦を戦列から離れさせ、空母エンタープライズは修理を断念して遺棄(いき)された。

菊水作戦にいたる前、三月三十一日。スプルーアンス提督の旗艦インディアナポリスが特攻機の突入を受けてスクリューを破損。インディアナポリスは修理のため、カリフォルニアのメア・アイランド海軍造船所に戻った。スプルーアンスは旗艦を戦艦ニューメキシコに移した。

戦艦ニューメキシコにも特攻機が命中。スプルーアンス提督みずからがホースを握って消火作業に当たった。人命で戦果を比較するのは抵抗があるが、航空特攻による日本側の損害は三千名であったのに対して、英米の戦死者は四千九百名に昇った。

日本でも特攻隊員選出の非情さが伝えられているが、アメリカ側でも精神失調をきたす兵士が多数発生し、精神疾患患者専用の病院船が仕立てられている。

アメリカ軍も無策でいたわけではなく、空母搭載の機体のうち、戦闘機の保有量を七十％まで増大させる。開戦時、日米ともに戦闘機の搭載率は三十％ほどであったので、倍増している。多数の戦闘機は交代で常時、空母の上空を守るばかりでなく、艦隊の外縁に強力な対空レーダーを搭載したレーダーピケット艦を置いて特攻機に接近に備えた。「ビッグ・ブルー・ブランケット」と名付けられた布陣である。

しかし、今度は単艦で行動するレーダーピケット艦が特攻機に狙い撃ちされる。ピケット艦は駆逐艦に電子機器を積んだだけであり、対空砲火も貧弱で、特攻機の突入を受けるとただ一機の突入で沈没した。

しかし、ここでも日本陸海軍の歩調はずれたままである。

海軍では沖縄が最後のチャンスと考えており、沖縄戦で一定の戦果を得て講和の道を探る腹づもりであったが、陸軍では本土決戦をあきらめていなかった。

この傾向は菊水作戦でも顕著で、菊水一号作戦に参加した特攻機は海軍機二百機に対して、陸軍機百機であった。海軍では最後は練習機に爆弾をくくりつけて突入させるほどであったのに、陸軍では本土決戦用の新鋭機を温存していた。

すでに内地温存の燃料重油は二千トンを切っていた。瀬戸内海には何隻かの戦艦が残っていたが、出撃できる燃料はない。戦艦は浮き砲台として米軍機に砲弾を打ち上げるだけであった。海軍首脳部はすでに終戦工作を開始していた。

このような状況の中、大和が水上特攻に出撃したのである。

六日夜、大和は、潜水艦の追撃を受けるが、これを振り切る。潜水艦の速度では大和のような高速戦艦を追尾できない。

七日、早朝。雨。

伊藤長官は艦橋の長官席に着いた。艦長は艦橋、艦長席へ。その後、随時防空指揮所へ昇り操艦指示を発した。能村副長、石田副官は二フロア下の司令塔に入る。

午前中は接近するアメリカのカタリナ飛行艇に対して主砲が三式弾を発射しただけで、大した動きはなかった。

烹炊所の動きはどうだったろうか。

おそらく朝食は各部署が居住区でテーブルについてとったのではないか。

水上特攻の際、当然戦闘は予期されており、この朝食が落ち着いて食べられる最後の食餌(しょくじ)だとわかっていたはずだ。また、このときすでに大和は対空レーダーを装備しており、敵攻撃隊の出現は予期したとしても、実際の攻撃が来るまで一定の時間を稼ぐことができるようになっていた。

古い例であるが、日露戦争、日本海海戦の朝、戦艦三笠では朝食、昼食は通常の食餌であったという。日本海海戦では午前四時四十五分、特務艦信濃丸がバルチック艦隊を発見。五時五分には鎮海湾（朝鮮半島）を出撃、午前十時に先遣隊が接触。午後一時五十五分に本隊同士が接触した。

大和の場合、午前中は偵察機の接触を受けたものの、実際の攻撃を受けるのは昼過ぎになっている。この日、坊の岬沖での日の出は午前六時。特に航空機は夜間行動を苦手とするため、日が登り切る前は攻撃を受ける恐れは低かった。

昼食は銀シャリの握り飯であった。主計科総出で握り飯作りである。握り飯には沢庵が付いたとも、牛肉の大和煮が付いたともされる（大和煮は缶詰であるため、夕食用であった可能性も高い）。また、原勝洋氏の著書には、乗員の証言として「ゆで卵を食べた」という記述もあるが、いずれにせよ「銀シャリの握り飯」という部分は一致している。

陸海軍とも栄養上の理由から麦飯が主食で、麦の入らない銀シャリはただそれだけでご馳走であった。ただ、銀シャリが出る、とわかっただけで兵員は万歳三唱した、とされる。

「大和」はおそらく沈むだろう。そんな〝ハレの日〟の食餌に銀シャリを出さないわけがない。

七日、アメリカ第五艦隊スプルーアンス大将は麾下の第五十四任務部隊のデイヨー提督に戦艦で砲撃戦を挑むように電文を送る。このとき、スプルーアンス自身も戦艦「ニューメキシコ」に座乗していた。一方、空母機動部隊のミッチャー中将は航空機の攻撃を計画して準備を進めていた。

十二時三十分から、機動部隊による攻撃が開始された。大和に護衛の戦闘機はいない。第五航空艦隊の長官となった宇垣纏が見るに見かねて早朝から十機足らずの零戦を送ってきたが、すでに燃料も切れて帰還した。

零戦を発した宇垣に対して、批難もある。この頃、日本軍の攻撃は体当たり特攻に頼るしかなく、「大和の護衛に戦闘機を投入するのであれば特攻機として使用するか、特攻機の護衛に充(あ)てるべきだ」というものである。あるいは逆に「体当たり特攻など実施せずに大和の護衛に全機、振り向けるべきであった」との意見も存在する。

米軍は戦闘機にまで爆装し、戦闘機、急降下爆撃機、雷撃機が襲来した。急降下爆撃機は攻撃するとき、日本も米軍も常時、機銃を発射するように決められていた。爆弾は外れたとしても、機銃弾は艦のどこかに当たる。二十五ミリ連装機銃座の防風盾では機銃弾を防げない。しかも多くのものは無蓋(むがい)である。

爆弾、魚雷の攻撃ばかりでなく、機銃掃射でも多数の乗員が死傷した。

『戦艦大和ノ最期』は副電測士として大和に乗り込んでいた吉田満氏が著した書である。貴重な資料であるが、生還した勢いに任せて伝聞や想像にまで筆が及んだ部分が散見され、現在では史実を元にしたフィクションであるとされている。一方、艦内で連絡が取れなくなった部署に伝令として駆け付けるシーンは自らが目にした光景であろう。要員が死亡して、生き残った兵だけで空襲に反撃する機銃座や、食缶から握り飯を飛び散らせて甲板で倒れた主計兵の姿が描写されている。

同様な理由から、艦橋も安全な場所ではない。敵機は真っ先に艦橋を狙うからだ。ミッドウェー海戦では空母加賀が艦橋に直撃弾を受けて艦長以下の艦橋要員が死亡している。

艦橋要員に対して鉄兜（てつかぶと）、防弾チョッキの着用が義務化されていたが、伊藤長官、森下参謀長は艦橋にありながら、防弾服を使用しなかった。

有賀艦長も艦橋のさらに上、より危険な防空指揮所に昇った。ここで敵機の動きを監視して、操艦指示を発するのである。艦長は鉄兜、防弾チョッキに身を固めていたが、戦闘機の機銃弾は防げない。

攻撃は左舷（さげん）に集中し、十二時四十一分。五百ポンド爆弾が左舷高射砲付近に命中。後部電探室を貫通して爆発した。この爆発は左舷士官室烹炊所を直撃した。飯握りを終え居住区に戻った主計兵が多数死亡したとされる。火災は後檣楼（こうしょうろう）におよび、大和沈没まで消し止められることがなかった。

十三時八分。

大和に対する攻撃の第一波が終わった。

大和としては爆弾二発命中、魚雷一本命中と大した被害ではなかった。

だが、同行していた駆逐艦浜風(はまかぜ)が撃沈。朝霜(あさしも)、連絡途絶。涼月(すずつき)、火災が発生して延焼中。巡洋艦矢矧は航行不能。

このとき、司令部では、

一．大和、当面の戦闘航海に支障なし。
二．被害増大の状況によって突入時期、変更を要す。
三．損傷艦、特に第二水戦矢矧、状況確認のため、矢矧の方向に向かう。

と判断するが、対空レーダーが敵機の姿を捕らえる。

攻撃第二波の襲来である。

米軍は大和の周囲を守る駆逐艦輪形陣の対空砲火を排除したと判断して、爆撃機中心であった攻撃隊に、雷撃機も加え始めた。

雷撃機は左舷へ、左舷へと回り込む。大和が転舵する方向はおおむね決まってくる。そこに爆撃機が殺到する。

大和が受けた爆弾は二発。

駆逐艦や、巡洋艦なら致命的だったかもしれないが、まだ、対空兵力を削(そ)いだだけであった。

もちろん、被害が上甲板で済んだわけではない。

爆発の衝撃で溶接が緩み、後部下甲板の高角砲発射指揮所に浸水していた。脱出しようにも外部通路は火災によって発生した有毒ガスが充満し、外へ出ることは死を意味した。この二発の爆弾で、張り巡らされた空中線、アンテナが破壊され、通信が困難になった。

そして、被雷。大和は左舷に傾く。

さらに左舷に魚雷三本命中。

至近弾により、副舵(ふくだ)が取り舵の状態で故障。操作不能となった。大和は左へ、左へとぐるぐると回るだけしかできなかった。

左舷に攻撃が集中したため、左傾斜七度となった。

艦は傾斜が激しくなると、本来の性能を発揮できなくなる。

主砲はおよそ五度で発射が不可能になる。装填する前に砲弾が転がりだしてしまうのである。人間は下敷きになり、潰(つぶ)される。

十度を超えると、副砲や、高角砲が撃てなくなる。高角砲で砲弾重量が二十三キロ。砲弾を運ぶ運搬車も動かず、人力装填(そうてん)はできなくなる。

十五度から二十度で機銃も射撃が困難になる。まっすぐ立っているのも、銃の旋回も難しくなるからだ。

艦長は右舷(うげん)タンクに海水三千トンを注水。傾斜はほぼ復元した。注水制御室では無数のボタンが並び、指揮官の命令でスイッチが入れられると、電動でバルブが作動して注水区画に海水が注ぎ込まれるようになっていた。

左舷中部に魚雷二本命中。

うち一本に、後部注水制御室が破壊された。

大和はまだまだ注水する余裕を残していた。だが、注水制御室がやられたとなると、一部の防水区画が使えなくなる。

§供されることのなかった「赤飯」

十三時四十五分。

大和。副舵、応急修理により中央に固定。二百五度の基準針路に変針。

傾斜、再度、増大。左十五度となった。艦長は再度注水を下命。速力はいまだ十八ノットを維持していたが、この高速が防水隔壁の破壊を招いていた。

戦艦の艦底は二重になっており、多少の浸水では内部に漏れてこない。二重底が破れても、三千もの小さく区切られた区画が水をせき止める。

だが、これらの壁は決して厚いものではない。多量の水を飲むと水圧を受けるし、速度を上げると海水がなだれ込んでくる。

十四時二分。

左舷中部に爆弾三発命中。攻撃が左舷に集中したため、右舷注水の限界に達する。傾斜、左十七度。このままでは大和は転覆する。注水しようにも注水機能も限定されている。

あと、右舷で注水できる場所は一つしかない。機関室である。艦では重油で水を沸かし、発

昭和20年(1945) 4月7日、鹿児島県坊ノ岬沖にて米軍機の攻撃を受ける大和。艦の左に至近弾による水柱が上がる

生する水蒸気をタービンに当てて回転力を得ている。大和の機関は並列配置で同じタイプのものを横に四つ並べて、それぞれが一つのスクリューを動かす四軸推進である。機関それぞれは防水区画で区切られている。右舷の機関室から機関員を退避させ、注水すれば左傾斜はおさえられる。

右舷機関室注水。傾斜は一時的に停止。右舷に魚雷命中。片舷の機関室に注水したため速力は十二ノットに低下。傾斜、左七度まで回復する。

十四時十二分、十七分に立て続けに魚雷命中。いずれも左舷。累計十本。最後の一本が大和の命取りになった。左舷排水ポンプはフル稼働していたが、汲み上げる以上の海水がなだれ込んできた。もう注水できる場所はない。

司令塔の能村副長が艦橋にあがってきた。伝

平成27年(2015)、香川県小豆島で発見された赤飯の缶詰。特攻の日の夕食に予定されていたのもこれと同じものだったのだろうか……

声管で防空指揮所の艦長に伝えた。

「傾斜、復旧の見込みありません。もはや、これまでかと思います」

返事はなかった。

能村副長は「艦長、了解」と伝達した。

総員退艦命令が発せられた。すべての乗員は持ち場を捨てて脱出せよとの命令である。

森下参謀長が伊藤整一長官に穏やかな声で語りかけた。

「もう、よろしいかと思います」

伊藤長官は大和座乗以来、はじめて長官席から降り立った。艦橋要員一人一人に敬礼を送ると自分は一段下の長官控え室に入った。石田副官は伊藤長官を追おうとしたが、「バカなことをするな」と森下参謀長に引き留められた。

防空監視所では有賀艦長が防弾チョッキ、鉄兜という重装備で羅針盤（らしんばん）にしがみついていた。

「もう、脱がれてもよろしいかと思いますが」

艦長付の従兵が進言したが、艦長は左右に首を振るだけだった。有賀艦長は羅針盤にしがみついたまま艦と運命をともにした。

「総員待避、上甲板へ」

が伝えられる。すべての兵が持ち場を離れて、上甲板に急ぐ。これらの命令が伝え切られていなかった、あるいは遅かったのは否めない。総員退避命令から十分ほどで大和は海中に姿を消す。

傾斜が二十度を超えると艦は急速に傾きはじめた。甲板に上がった者も海中に振り落とされる。艦が沈むとき、傾いた側に逃げると沈没の渦に巻き込まれて海底まで引きずり込まれる。右舷側に逃げなければ助からない。だが、すでに艦はほとんど横を向いて赤く塗られた艦底をさらしていた。甲板にいた者はすべて海中に振り落とされる。生き残った乗員がクジラの腹のような艦腹にしがみついていた。

弾薬庫内の砲弾は多少の揺れでは転がり出さないようにベルトで固定されている。だが、度重なる爆発、震動でベルトが緩み、傷つき、ついに一本が切れ落ち、砲弾が転がり出した。一つが落ちると、雪崩をうって多数の主砲弾が次々と転がり落ちた。これらが一気に誘爆した。

沈没時刻には、十四時二十三分説と、十四時二十五分説が存在する。

烹炊所では朝、昼、晩のその日一日の献立が掲示される。四月七日の夕食は「赤飯缶詰。牛の大和煮缶」が予定されていた。

大きな爆煙を上げながら沈む戦艦大和の最期の姿。
沈没地点は北緯30度43分、東経128度04分とされる

終章

時代の終焉

戦艦「大和」の沈没はさまざまな方面に影響を与えた。日本人なら、なんらかの思いはぬぐい得ないだろう。

だが、最もセンチメンタルな思いに駆られたのは、アメリカ軍ではなかろうか。

ウィリアム・フレデリック・〝ブル〟・ハルゼー提督。生まれながらの海の男であり、徹底して東洋人を嫌悪していた。日本のプロパガンダ「千年、敗北を知らない軍隊」に対して「キル・ジャップス。キル・ジャップス。キル・モア・ジャップス」をかかげた。航空隊の指揮官として知られているが、なによりも戦艦を愛し、戦艦を乗艦としていた。戦艦による砲撃戦を交わし、勝利するのが海軍入隊以来、ハルゼーの夢だった。だが、その夢は大和とともに、海に沈んだ。


レイモンド・スプルーアンス提督。ミッドウェー海戦で、ハルゼーに代わって空母機動部隊の指揮を執り、大戦の転回点を作る。マリアナ沖海戦では日本軍を完膚（かんぷ）なきまでに叩き、戦勝を絶対的なものとした。

水雷出身であるが艦砲に対する憧れは消えなかった。沖縄では乗艦ニューメキシコで大和と雌雄を決したいと望んでいたが、空母機動部隊のマーク・ミッチャー中将から「このままニューメキシコの到着を待っていたら大和は日本海に逃れてしまうかもしれない。航空隊が攻撃すべきだ」との具申を受けて「You take them」（好きにしろ）と返信した。

ハルゼー、スプルーアンスらの上官であるチェスター・ニミッツ。明治四十一年（一九〇八）、アメリカ海軍の通称「グレートホワイトフリート」による世界一周長期航海で日本に立ち寄った際、東郷平八郎と会い大きな感銘を受けている。太平洋戦争後も事実上、遺棄されていた記念艦「三笠」の整備、荒れ果てていた東郷神社の再建に私費を投じて尽力した。ニミッツもまた戦艦を心のよりどころとする海の男だった。

「大和」の沈没、それは一つの時代が終わったことを示していた。戦艦の時代の終焉である。

戦艦大和、沈没。戦死者二千七百四十名、生存者二百七十六名。

第二艦隊全体として死者は三千七百二十一名。この数字は沖縄戦での航空特攻の犠牲者数より多く、水上特攻の被害がきわめて大きかったことが知れる。

他方、森下信衞参謀長、石田恒夫副官、能村次郎副長は辛くも生き延びる。

戦後、森下参謀長はなにも語らなかった。能村副長は著作『慟哭の海』を著している。マリアナ沖海戦から、レイテ戦、沖縄特攻の記録である。

石田副官はごく短い手記を残している。大和、沈没後、駆逐艦に拾い上げられ、病院に収容された。特に負傷はないので生き残った主計科経理と、大和に赴任するはずだった主計科員を集めて、残務整理に当たった。乗員が生きていれば、給料を払わなければならない。艦が沈んで戦死したら、戦死公報を作らなければならない。膨大な事務作業が発生する。艦が沈んでも主計科の仕事は残っていた。

人がいれば必ず食餌をとる。缶詰を開けるだけでも、保存食を皿に盛るだけでも人手はかかる。

負け戦で命を落とすのは悔しかったろう。だが、生き残った人間も戦死者の責を負って生きていかなければならない。

水上特攻で、最も被害が大きかったのは機関科である。砲術科に次いで人数の多かった部署にもかかわらず、生存者名簿に一人、二人と数えるほどしかない。艦底近くの機関室から甲板に逃げ出す前に艦が没したのである。

砲術科は比較的生存者が多い。ほとんどの要員が露天甲板の機銃、高角砲などにとりついていたためすぐに脱出できたのである。とはいえ、大和全体としては十人の内、九名が亡くなる大被害であった。

大和が沈んでも、海軍も、日本も戦い続けていた。B29の空襲は続き、アメリカ軍も九州上陸作戦「オリンピック作戦」、千葉県九十九里と神奈川県相模湾に上陸する「コロネット作戦」の準備にかかっていた。八月には呉からほど近い広島に原爆が、続いて長崎に投下される。

八月十五日、敗戦。ポツダム宣言受け入れにあたって、「米軍は焼夷弾によって農村の田畑を焼き、農業生産を破滅させることができる」との理由が含まれていた。

戦争が終わっても人々の生きるための戦いは続いていた。食べるための戦いである。

大和生存者の内、主計科は十名ほどである。

これら、最下級の「めし炊き兵」が、戦後、生きるための戦いで、大きな戦力となったのは想像に難くない。

《主要参考文献》

『素顔の帝国海軍　旧海軍士官の生活誌』　瀬間喬　海文堂出版
『続・素顔の帝国海軍　旧海軍士官の生活誌』　瀬間喬　海文堂出版
『続々・素顔の帝国海軍　旧海軍士官の生活誌』　瀬間喬　海文堂出版
『日本海軍食生活史話』　瀬間喬　海援舎
『復刻　海軍割烹術参考書』　前田雅之現代語訳監修　イプシロン出版企画
『海軍研究調理献立集』　海軍経理学校
『海の男の艦隊料理　「海軍主計兵調理術」復刻』　高橋孟監修　新潮文庫
『海軍めしたき物語』　高橋孟　新潮文庫
『海軍めしたき総決算』　高橋孟　新潮文庫
『海軍主計大尉小泉信吉』　小泉信三　文春文庫
『復刻　軍隊調理法　元祖男の料理』　小林完太郎　講談社
『写真で見る日本陸軍兵営の食事』　藤田昌雄　光人社
『写真で見る海軍糧食史』　藤田昌雄　光人社
『戦下のレシピ　太平洋戦争下の食を知る』　斎藤美奈子　岩波現代文庫
『慟哭の海　戦艦大和死闘の記録』　能村次郎　読売新聞社
『戦藻録　宇垣纏日記』　宇垣纏　原書房
『最後の帝国海軍　軍令部総長の証言』　豊田副武　中公文庫
『連合艦隊参謀長の回想』　草鹿龍之介　光和堂

『写真日本海軍全艦艇史』 福井静夫　ＫＫベストセラーズ
『巨大戦艦「大和」全軌跡』 原勝洋　学研パブリッシング
『最後の証言記録　太平洋戦争』 別冊宝島２３６３
『最後の零戦乗り』 原田要　宝島社
『キル・ジャップス！　ブル・ハルゼー提督の太平洋海戦史』 Ｅ・Ｂ・ポッター　秋山信雄訳　光人社
『マッカーサー　その栄光と挫折』 クレイ・ブレア Jr.　大前正臣訳　パシフィカ
『海軍辞典』 山内大蔵、内田丈一郎　今日の話題社
『日本陸海軍総合事典』 秦郁彦編　東京大学出版会
『第２次大戦事典　１　日誌・年表』 ピーター・ヤング編　加登川幸太郎、千早正隆訳　原書房
『第２次大戦事典　２　兵器・人名』 ピーター・ヤング編　加登川幸太郎監修　矢嶋由哉他訳　原書房

戦艦大和と一万二百個の握り飯

2019年7月5日　第1刷発行

著者
青山智樹

発行者
富澤凡子

発行所
柏書房株式会社
東京都文京区本郷2-15-13（〒113-0033）
電話（03）3830-1891［営業］
（03）3830-1894［編集］

装丁
四方田努（sakana studio）

DTP
株式会社キャップス

印刷
壮光舎印刷株式会社

製本
株式会社ブックアート

ISBN978-4-7601-5146-2